五年制高职专用教材
智能制造装备技术专业新形态教材

数控机床机械装调技术

主　编　彭建飞　张　恒
副主编　徐　敏　李书杰
参　编　刘　柯　韩嘉煜　邵　伟
　　　　诸晓涛　王　睿　吕　洋

机械工业出版社

本书以典型数控机床为载体，采用任务驱动的编写方式，将教学内容设计为六个项目，包括数控机床机械结构概况、数控机床主轴部件装配、数控机床进给传动部件装配与调试、数控车床四方回转刀架部件的拆装与调试、数控车床卡盘和尾座的拆装与调试、数控车床精度检验与调整等内容。每个项目又分解为若干个任务，并按照任务描述、知识链接、任务实施、任务评价、拓展练习的步骤进行，实现了"做、学、教"一体化，具有很强的指导性和可操作性，有利于学习者快速掌握和提升操作技能，并在全过程渗透文明诚信、爱岗敬业的理念，以初心致匠心，培养学生吃苦耐劳的品质，增强勇于探索的创新精神，提高学生解决问题的实践能力。

本书可作为职业院校智能制造装备技术、数控技术、机电设备技术专业的教学用书，也可作为企业工程技术人员、数控机床装调与维护人员的培训用书。

为方便教学，本书配有电子教案、视频等资源，使用本书作为教材的教师可登录机械工业出版社教育服务网（www.cmpedu.com）注册并免费下载，或来电（010-88379375）索取。

图书在版编目（CIP）数据

数控机床机械装调技术/彭建飞，张恒主编. —北京：机械工业出版社，2024.4

五年制高职专用教材　智能制造装备技术专业新形态教材

ISBN 978-7-111-75113-7

Ⅰ.①数… Ⅱ.①彭…②张… Ⅲ.①数控机床-安装-高等职业教育-教材②数控机床-调试方法-高等职业教育-教材　Ⅳ.①TG659

中国国家版本馆CIP数据核字（2024）第030533号

机械工业出版社（北京市百万庄大街22号　邮政编码100037）
策划编辑：王莉娜　　　　　责任编辑：王莉娜
责任校对：张爱妮　梁　静　封面设计：王　旭
责任印制：邓　博
北京盛通数码印刷有限公司印刷
2024年4月第1版第1次印刷
210mm×285mm·6.25印张·185千字
标准书号：ISBN 978-7-111-75113-7
定价：25.00元

电话服务	网络服务
客服电话：010-88361066	机 工 官 网：www.cmpbook.com
010-88379833	机 工 官 博：weibo.com/cmp1952
010-68326294	金 书 网：www.golden-book.com
封底无防伪标均为盗版	机工教育服务网：www.cmpedu.com

前　言

本书贯彻落实《国家职业教育改革实施方案》精神，是职业院校"三教改革"之"教材"改革成果，是通过社会调研，对劳动力市场人才需求进行分析，在企业有关人员的积极参与下，参照现行国家职业标准及有关行业的职业标准规范，结合学生的认知特点和成长规律编写而成的。

本书具有实践性、职业性、开放性强的特点，编写时坚持课程改革理念，主要体现了以下编写特色：

1. 产教结合，人才培养紧扣产业发展

本书是针对数控机床装调与维修人才培养而设计的项目教材，依据典型数控机床安装与调试的行业标准，在设计典型工作任务时，注重技术技能的规范性和教学培训的可操作性。

2. 企业参与课程开发，教学内容与岗位标准紧密结合

为了体现课程内容的先进性，教材内容在融入数控机床装调维修工国家职业资格标准的基础上，对岗位能力、工作过程进行了整合，所有任务均来自于生产一线。

3. 任务驱动，内容编排符合能力发展

本书对每个任务的实施步骤进行了具体细分，并将相关知识点渗透到技能操作中，在内容编排上，实现了由易到难、由浅入深的教学过程。

4. 内化素养教育，培养工匠精神

本书力求在教学全过程渗透文明诚信、爱岗敬业的理念，以初心致匠心，培养学生吃苦耐劳的品质，增强勇于探索的创新精神，提高学生解决问题的实践能力。

为推进教育数字化，本书还配套了视频资源，以二维码的形式链接在书中，学生可扫码进行辅助学习。

本书由江苏联合职业技术学院彭建飞、张恒任主编，徐州工业职业技术学院徐敏、郑州市国防科技学校李书杰任副主编，刘柯、韩嘉煜、邵伟、诸晓涛、王睿、吕洋参与了编写。具体分工如下：彭建飞负责项目一、项目五的编写，王睿负责项目二的编写，韩嘉煜负责项目三的编写，邵伟负责项目四的编写，张恒、徐敏负责项目六和附录的编写，全书由彭建飞、李书杰统稿，刘柯、诸晓涛、吕洋负责各项目实践操作视频的拍摄等工作。

本书在编写过程中参考了大量的文献资料，在此向文献资料的作者致以诚挚的谢意。由于编者水平有限，书中难免有错误和不妥之处，敬请广大读者批评指正。

编　者

目 录

前言
项目一　数控机床机械结构概况 ········· 1
　　任务　数控机床机械结构认知 ········· 2
项目二　数控机床主轴部件装配 ········· 15
　　任务一　数控机床主轴部件认知 ········· 16
　　任务二　主轴的拆卸与装配 ········· 23
项目三　数控机床进给传动部件装配
　　　　　与调试 ········· 29
　　任务一　数控机床导轨的安装与调试 ········· 30
　　任务二　滚珠丝杠螺母副的安装与调试 ········· 36
　　任务三　电动机与联轴器的连接与固定 ········· 44
项目四　数控车床四方回转刀架部件的拆装
　　　　　与调试 ········· 48
　　任务一　数控车床四方回转刀架机械结构的
　　　　　　拆装与调试 ········· 49
　　任务二　四方回转刀架内部换刀机构的安装
　　　　　　与调试 ········· 55
项目五　数控车床卡盘和尾座的拆装
　　　　　与调试 ········· 62
　　任务一　数控车床卡盘的安装与拆卸 ········· 62
　　任务二　数控车床尾座的拆装与调试 ········· 68
项目六　数控车床精度检验与调整 ········· 76
　　任务一　数控车床几何精度检验 ········· 77
　　任务二　数控车床定位精度检验 ········· 81
附录 ········· 88
　　附录A　竞赛试题典型任务分析 ········· 88
　　附录B　数控卧式车床精度检验 ········· 93
参考文献 ········· 96

项目一

数控机床机械结构概况

项目导入

本项目通过参观、学习 YL-558 型数控车床实习训练设备、HM-800 型卧式加工中心、XK5328A 型数控铣床、CK6136i 型数控车床（主要结合校内现有的机床设备），认识数控机床机械结构。

设备介绍

1) YL-558 型数控车床实习训练设备由数控车床电气系统、十字滑台、刀架等组成。该设备配置的刀架为四工位电动刀架，是目前数控车床主流刀架类型。

2) HM-800 型卧式加工中心选配 FANUC 数控系统，基本配置为 X、Y、Z 三轴联动，主电动机为伺服电动机，可进行铣削、镗孔、攻螺纹和各种曲面加工。

3) XK5328A 型数控铣床为三轴伺服电动机驱动，性能稳定，操作方便，精度保持效果好。其数控系统是北京凯恩帝数控技术有限责任公司的 CNC Series 100M 系统。

4) CK6136i 型数控车床是具有高精度、高效率、高可靠性、高性能价格比的新一代数控车床，能自动完成内外圆、端面、台阶、槽、锥面、球面、非圆球面、螺纹等的加工。

教学目标

知识目标

1) 掌握数控机床主要机械结构的组成。
2) 掌握数控机床的布局。
3) 了解数控机床机械结构的特点。

技能目标

1) 能够区分典型数控机床的类型。
2) 能够区分数控机床的布局形式。
3) 能够说出数控机床主要机械结构的特点及功能。

素养目标

1) 学会各类数控机床的观察方法，在观察中时刻注意自身的安全，养成良好的安全操作习惯。
2) 掌握正确的记录和画图方法，培养良好的标准意识。
3) 学会利用手机、摄像机等媒介进行现场拍摄和结构分析，培养归类、整理资料等工作能力。

任务 数控机床机械结构认知

任务描述

本任务通过对校内现有的数控机床、实训工作台的实体结构进行分析,同时结合数控机床实例图片,了解数控机床的结构特点和组成。

知识链接

图 1-1 所示为典型数控车床的机械结构,包括主传动系统(主轴、主轴电动机、副主轴、C 轴控制主轴电动机等)、进给传动系统(丝杠、联轴器、导轨等)、基础支承件、自动换刀装置(标准刀架、VDI 刀架等)和辅助装置(液压与气动装置,包括液压泵、气泵、管路等;润滑冷却装置;自动送料机、集屑车、自定心卡盘、尾座、接触式机内对刀仪等)。

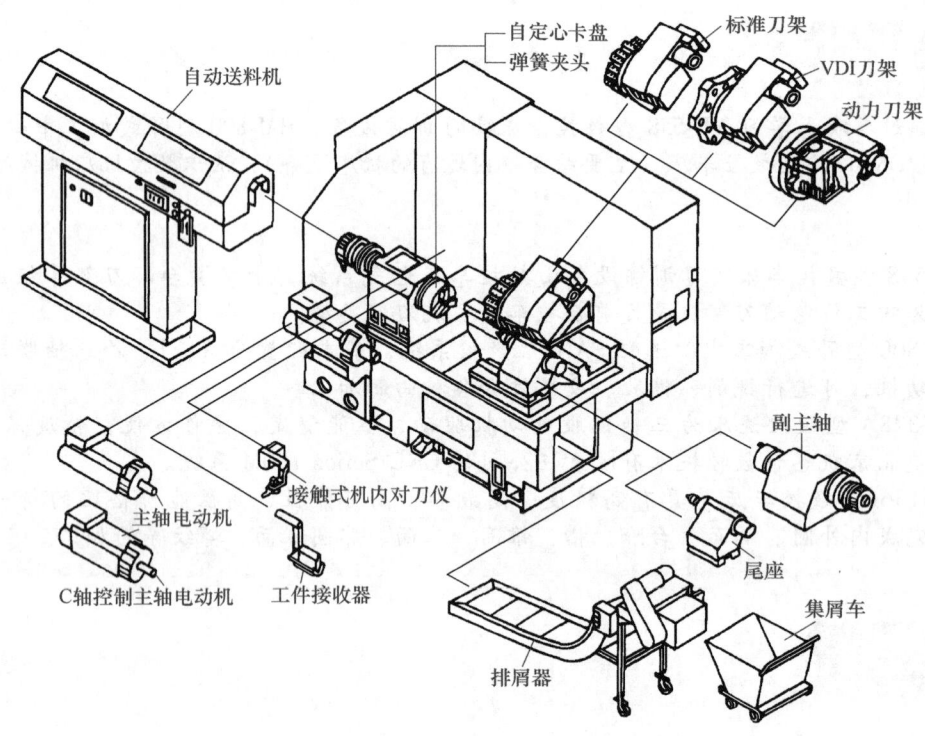

图 1-1 典型数控车床的机械结构

一、数控机床机械结构的组成

1. 主传动系统

一般数控机床主传动系统包括主轴、主轴电动机等。主传动系统的作用是将驱动装置的运动及动力传递给执行元件,实现主切削运动。如图 1-2 所示,主传动系统主要由主电动机、带传动装置、主轴等组成。

2. 进给传动系统

进给传动系统包括动力源、传动装置及进给运动执行元件等。进给传动系统的作用是将伺服驱动装置的运动和动力传给执行元件,实现进给运动。如图 1-2 所示,进给传动系统主要由 X、Z 方向的丝杠、溜板、导轨等组成,机床通过进给传动系统带动刀架运动。

3. 基础支承件

基础支承件包括床身、立柱、导轨、工作台等,如图 1-2 所示。其作用是支承机床的各主要部件,并使它们在静止或运动中保持相对正确的位置。

4. 辅助装置

辅助装置包括液压与气动装置、润滑冷却装置、卡盘、尾座等，部分数控机床还配有特殊功能装置，如刀具破损检测、精度检测和监控装置等。其中，基础支承件、主传动系统、进给传动系统以及液压、润滑、冷却等辅助装置是构成数控机床本体的基本部件，其他部件则按数控机床的功能和需要选用。尽管数控机床本体的基本构成与普通机床十分相似，但由于对数控机床功能和性能的要求与普通机床存在着巨大的差距，因此，数控机床本体在总体布局、结构、性能上与普通机床有明显的差异，所以出现了许多适应数控机床功能特点的机械结构和部件。

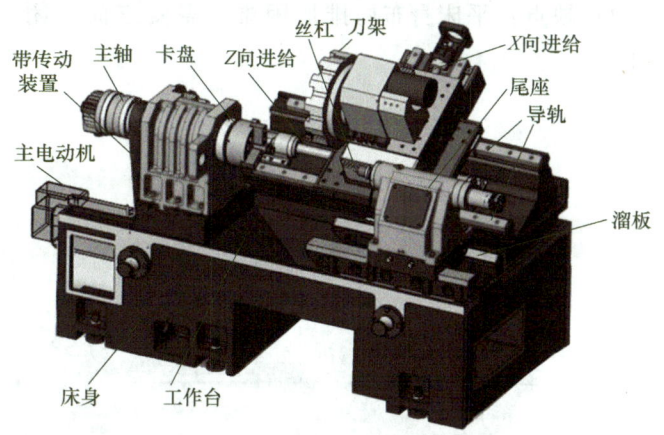

图 1-2　数控车床主要机械结构

二、常用数控机床

1. 数控车床

数控车床的主轴、尾座等部件相对于床身的布局形式与普通车床相同，但刀架和导轨的布局形式有很大的变化，而且其布局形式直接影响数控车床的使用性能及机床的外观和结构。刀架和导轨的布局应考虑机床和刀具的调整、工件的装卸、机床操作的方便性，还应考虑机床的加工精度以及排屑性和抗振性等。图1-3所示为典型斜床身数控车床实物图。

数控车床床身和导轨的几种主要布局形式如图1-4所示。

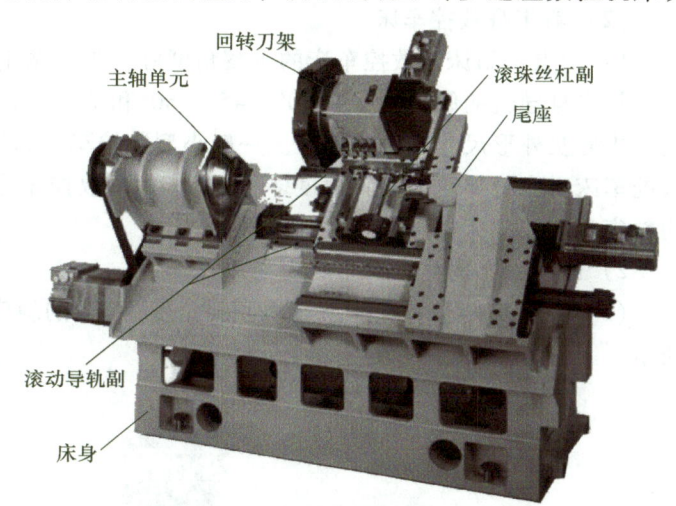

图 1-3　典型斜床身数控车床实物图

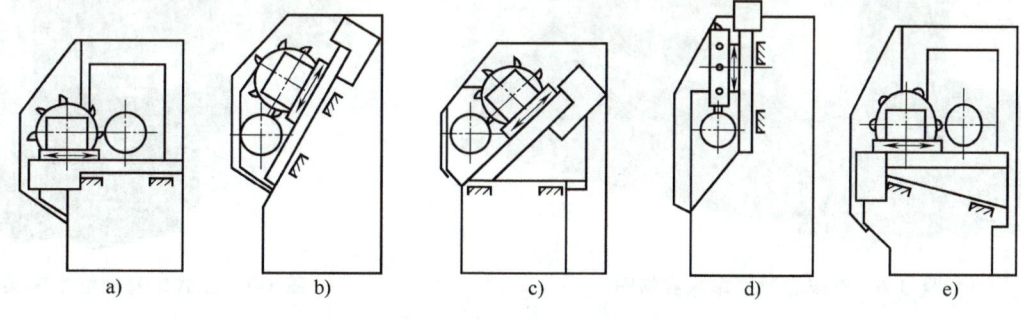

图 1-4　数控车床床身和导轨的布局形式

a）平床身　b）斜床身　c）平床身斜滑板　d）立式床身　e）前斜床身平滑板

（1）平床身数控车床

1）优点：平床身数控车床工艺性好，导轨面容易加工；平床身上配有水平刀架，由平床身数控车床机件及工件重量所引起的工件变形垂直向下，与刀具运动方向垂直，对加工精度的影响较小；平床身数控车床刀架水平布置，不受刀架、溜板自重影响，定位精度较高；在平床身布局的数控车床上，大型工件和刀具装卸方便。图1-5所示为平床身数控车床实物图。

2）缺点：平床身布局排屑困难，需要三面封闭，同时刀架水平放置增加了机床宽度方向结构尺寸。

图 1-5　平床身数控车床实物图

（2）斜床身数控车床

1）优点：斜床身数控车床的观察角度好，工件调整方便，防护罩设计较为简单；排屑性能较好。斜床身导轨的倾斜角度有 30°、45°、60°和 75°等几种，其倾斜角度会影响导轨的导向性、受力情况、排屑及外形尺寸高度比例等。一般小型数控车床斜床身导轨的倾斜角度多用 30°和 45°两种，中型数控车床斜床身导轨的倾斜角度多用 60°，大型数控车床斜床身导轨的倾斜角度多用 75°。图 1-6 所示为斜床身数控车床实物图。

2）缺点：不易生产，市场占有率低。

（3）立式床身数控车床　导轨倾斜角度为 90°的斜床身数控车床即为立式床身数控车床，如图 1-7 所示。

图 1-6　斜床身数控车床实物图

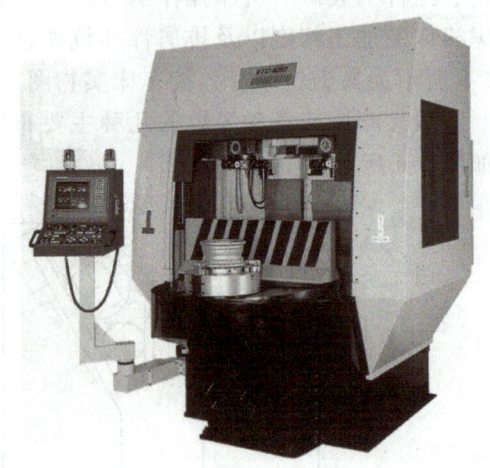

图 1-7　立式床身数控车床实物图

1）优点：立式床身数控车床的排屑性能好。

2）缺点：立式床身数控车床由工件重量所引起的工件变形为垂直方向，与刀具运动方向相同，对加工精度影响大，并且立式床身数控车床受本身结构限制，布置也比较困难，限制了机床的性能，故这种车床较少采用。

2. 数控铣床

数控铣床是一种用途广泛的机床，分为立式数控铣床、卧式数控铣床和立卧两用式数控铣床三种形式。立卧两用式数控铣床的主轴（或工作台）方向可以更换，既可以进行立式加工又可以进行卧式加工，应用范围广，功能全。图 1-8 所示为典型数控铣床的机械结构。

一般数控铣床是指规格较小的升降台式数控铣床，其工作台宽度多在 400mm 以下。规格较大的数控铣床，例如工作台宽度在 500mm 以上的数控铣床，其功能已与加工中心接近，进而演变成柔性加工单元。一般情况下，数控铣床只能用来加工平面曲线轮廓，有特殊要求的数控铣床，还可以增加一个回转的 A 或 C 坐标，如增加一个数控回转工作台，这时其数控系统即变为四轴控制，可用来加工螺旋槽、叶片等立体曲面零件。

根据工件的重量和尺寸不同，数控铣床有四种布局形式，见表 1-1。

图 1-9 所示为新型五轴数控铣床（立卧两用式数控铣床）动力头，图 1-10 所示为立卧两用式数控铣床的一种布局形式。

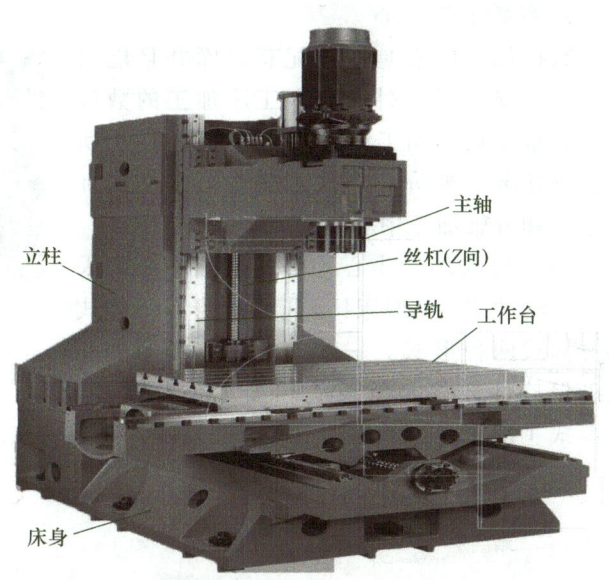

图 1-8 典型数控铣床的机械结构

表 1-1 数控铣床布局形式

序号	布局形式	适用范围	运动情况
1		加工小型工件	由工件完成三个方向的进给运动，分别由工作台、滑鞍和升降台来实现
2		加工较大型工件	与第 1 种形式相比，改由铣头带动刀具来完成垂直进给运动
3		加工大型工件	由工作台带着工件完成一个方向的进给运动，其他两个方向的进给运动由多个刀架即铣刀头在立柱与横梁上移动来完成
4		加工超大型工件	全部进给运动均由立铣头完成

3. 数控加工中心

数控加工中心是一种配有刀库并且能自动更换刀具、对工件进行多工序加工的数控机床，常见数控加工中心的结构如图1-11所示。本任务主要介绍卧式加工中心、立式加工中心和五轴加工中心。

（1）卧式加工中心　卧式加工中心常采用立柱移动式、T形床身。T形床身有一体式和分离式两种形式。一体式T形床身刚度和精度保持性较好，但铸造和加工工艺性差。

图1-9　新型五轴数控铣床动力头

分离式T形床身铸造和加工工艺性较好，但必须在连接部位用螺栓紧固，以保证其刚度和精度。

图1-10　立卧两用式数控铣床的一种布局形式

图1-11　常见数控加工中心的结构

卧式加工中心的布局形式如图1-12所示，共有六种形式。移动立柱式加工中心的实物图如图1-13所示。

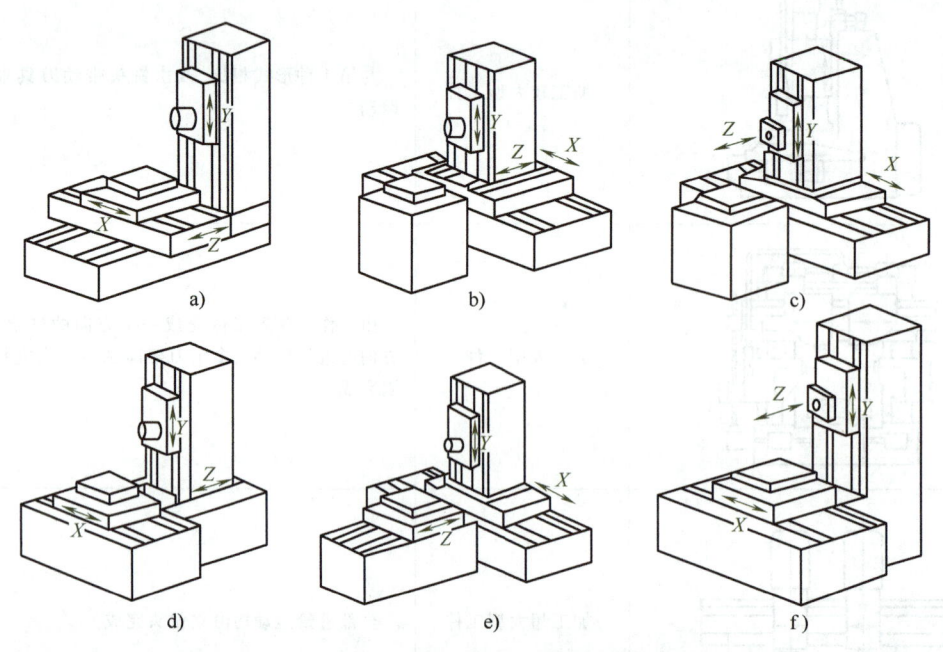

图1-12　卧式加工中心的布局形式

a）立柱固定、工作台沿X/Z向移动　b）工作台固定、立柱沿X/Z向移动　c）工作台固定、立柱沿X向移动、主轴沿Z向移动
d）工作台沿X向移动、立柱沿Y/Z向移动　e）工作台沿Z向移动、立柱沿X/Y向移动　f）立柱固定、工作台沿X向移动

图 1-13 移动立柱式加工中心实物图

（2）立式加工中心　立式加工中心的布局形式如图 1-14 所示。立式加工中心通常采用固定立柱式，主轴箱吊在立柱一侧，其平衡重锤放置在立柱中，工作台是十字滑台，可以实现 X、Y 两个坐标轴方向的移动，主轴箱沿立柱导轨运动，实现 Z 坐标轴方向的移动，如图 1-15 所示。

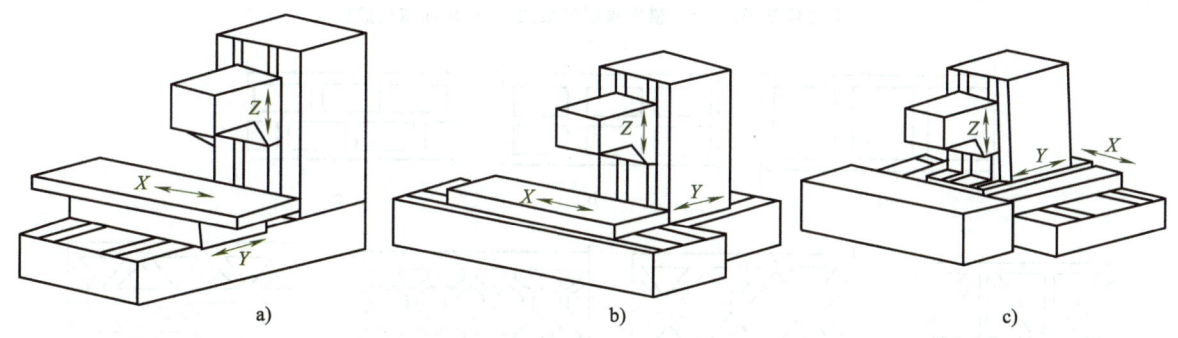

图 1-14　立式加工中心的布局形式

a）立柱固定、工作台沿 X/Y 向移动　b）立柱、工作台移动　c）工作台固定、立柱沿 X/Y 向移动

（3）五轴加工中心　五轴加工中心兼具立式加工中心和卧式加工中心的功能，工件经一次装夹后能完成除安装面外的所有侧面和顶面等五个面的加工。常见五面加工中心的布局形式如图 1-16 所示，在图 1-16a 所示的布局中，主轴可做 90°旋转，可以按照立式和卧式加工中心两种方式进行切削加工；在图 1-16b 所示布局中，工作台可以带动工件做 90°旋转，从而完成除装夹面以外的五面的切削加工。

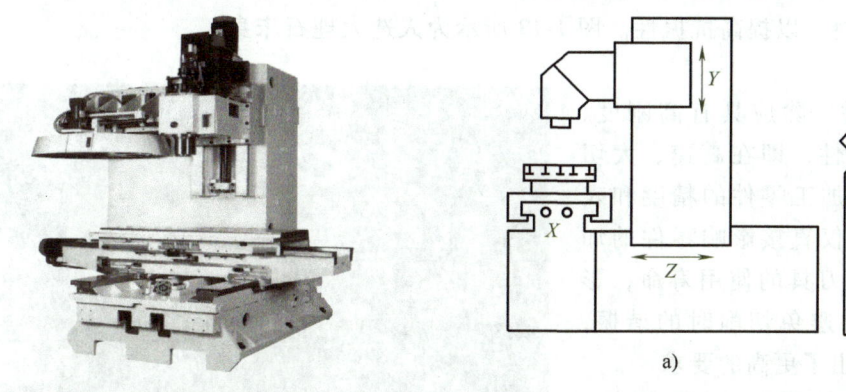

图 1-15　固定立柱式立式
加工中心实物图

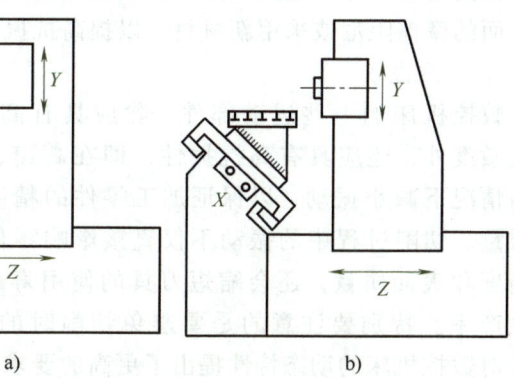

图 1-16　常见五面加工中心的布局形式

a）主轴做 90°旋转　b）工作台带动工件做 90°旋转

三、数控机床机械结构的性能

1. 静刚度和动刚度

1) 机床在静态力作用下所表现出来的刚度称为机床的静刚度。提高数控机床静刚度，可使数控机床各部件产生的弹性变形控制在最小范围内，以保证实现所要求的加工精度与表面质量。

提高静刚度的措施主要是合理选择构件的结构形式，如图1-17所示为立柱的结构形式。对基础大件，采用封闭整体箱形结构，合理布置加强筋，提高部件之间的接触刚度（图1-18）；合理进行结构布局，采取补偿构件变形的结构措施。

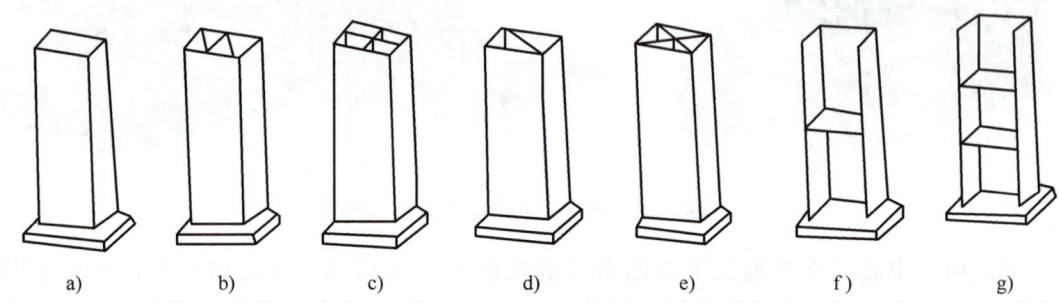

图1-17 立柱的结构形式

a）无筋式 b）之字形筋板式 c）田字形筋板式 d）单对角筋板式
e）双对角筋板式 f）横向单层筋板式 g）横向双层筋板式

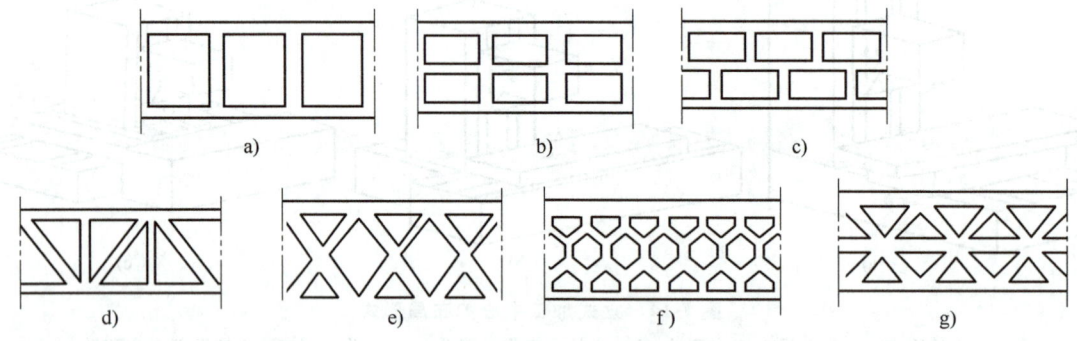

图1-18 加强筋的结构形式

a）单排方孔式 b）双排直列方孔式 c）双排错列方孔式 d）人字梁式 e）X结构形式 f）多边形孔式 g）三角形孔式

2) 机床在动态力作用下所表现出来的刚度称为机床的动刚度。要充分发挥数控机床的高效加工性能、稳定的切削性能，就必须在保证静刚度的前提下，提高数控机床的动刚度。

提高数控机床动刚度的措施主要是改善机床的阻尼特性，如在床身表面喷涂阻尼涂层、充分利用接合面的摩擦阻尼或采用新材料，以提高抗振性。图1-19所示为人造大理石床身。

2. 抗振性

数控机床的一些运动部件，除应具有高刚度、高灵敏度外，还应具有高抗振性，即在高速、大切削力情况下减小振动，以保证加工零件的精度和表面质量。切削过程中的振动不仅直接影响零件的加工精度和表面质量，还会缩短刀具的使用寿命，影响生产率。特别要注意的是要避免切削时的谐振，因此对数控机床的动态特性提出了更高的要求。

3. 精度和灵敏度

由于数控机床工作台（或滑板）的位移量是以

图1-19 人造大理石床身

脉冲当量为最小单位的，一般为 0.001~0.01mm，故要求运动件能实现微量精确位移，以提高运动精度和定位精度，从而提高低速运动的平稳性。

减小运动件的质量，可减小运动件所受的静、动摩擦力之差；采取低摩擦因数的传动元件，如采用滚动导轨或静压导轨，以减小摩擦副之间的摩擦力，避免低速爬行现象，可使加工中心的运动平稳性和定位精度都有所提高；工作台、刀架等部件的移动，由交流或直流伺服电动机驱动，经滚珠丝杠传动，减少了进给系统所需要的驱动转矩，从而提高了定位精度和运动平稳性。数控机床的运动部件还具有较高的灵敏度。导轨部件通常用滚动导轨、塑料导轨、静压导轨等，以减少摩擦力，使其低速运动时无爬行现象。

4. 热变形

机床的热变形是影响机床加工精度的重要因素之一。由于数控机床主轴转速、进给速度远高于普通机床，故数控机床发热量比普通机床大，而热变形对加工精度的影响难以由操作者进行修正。机床的主轴、工作台、刀架等运动部件在运动中也会产生热量，从而产生相应的热变形。为保证部件的运动精度，要求各运动部件的发热量要少，以防产生过大的热变形。为此，要对机床热源进行强制冷却，如图 1-20 所示，冷却分为两种形式，风冷和油冷；采用热对称结构，如采用图 1-21 所示的热对称立柱，同时能改善主轴轴承、丝杠副、高速运动导轨副的摩擦特性。

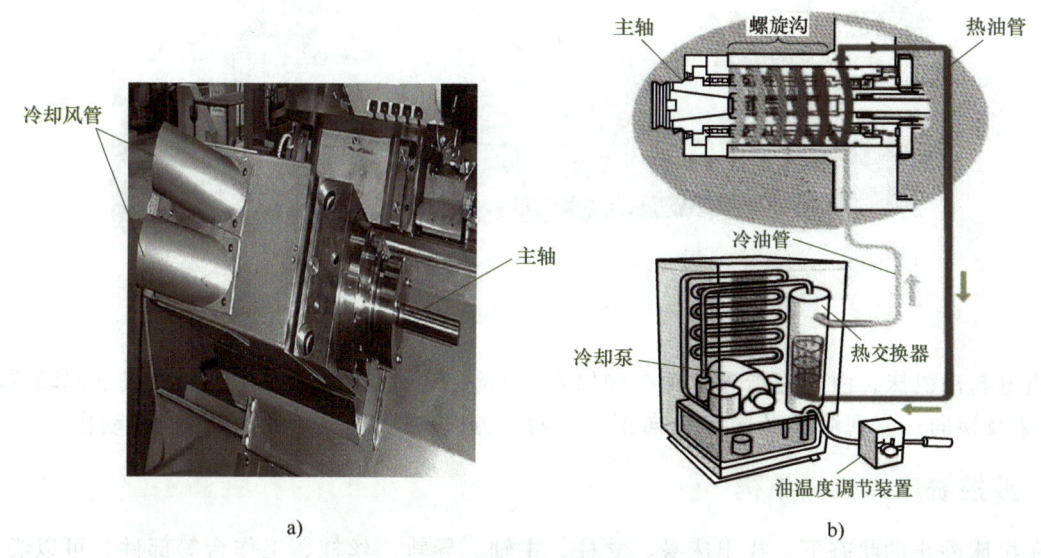

图 1-20 对机床热源进行强制冷却
a) 风冷　b) 油冷

图 1-21 热对称立柱

任务实施

> 💡 **操作提示**
>
> 1）观察数控车床、数控铣床和加工中心的整体结构，检查机床时遵循操作规程，确保人身安全。
> 2）观察机床运动过程。
> 3）认真学习数控机床安全操作规程。

一、观察数控车床的机械结构

1）在机床静止的状态下，找出床身、主轴箱、卡盘、溜板箱、刀架、尾座、CNC 控制装置等部件，并在图 1-22 中注出。

图 1-22　数控车床

2）通电起动机床，由实习指导教师在确保安全的状态下运转机床，在手动模式下起动主轴，实现主轴的变速及换向；实现溜板 Z 向和 X 向正、负两个方向的运动；实现刀架的换刀动作。

二、观察数控铣床的机械结构

1）在机床静止的状态下，找出床身、立柱、主轴、导轨、丝杠、工作台等部件，可以尝试进行主轴换刀操作，并在图 1-23 中填写相应部件的名称。

2）通电起动机床，由实习指导教师在确保安全的状态下运转机床，在手动模式下起动主轴，实现主轴的变速及换向；实现工作台的 X 向、Y 向以及主轴的 Z 向正、负两个方向的运动。

三、观察加工中心的机械结构

1）在机床静止的状态下，找出主轴单元、机械手、刀库、滚珠丝杠副、机械操纵台、回转工作台等部件，并在图 1-24 中填写相应部件的名称。

2）通电起动机床，由实习指导教师在确保安全的状态下运转机床，在手动模式下起动主轴，实现主轴的变速及换向；实现工作台的 X 向、Y 向以及主轴的 Z 向正、负两个方向的运动，实现主轴上的换刀、刀库装刀操作。

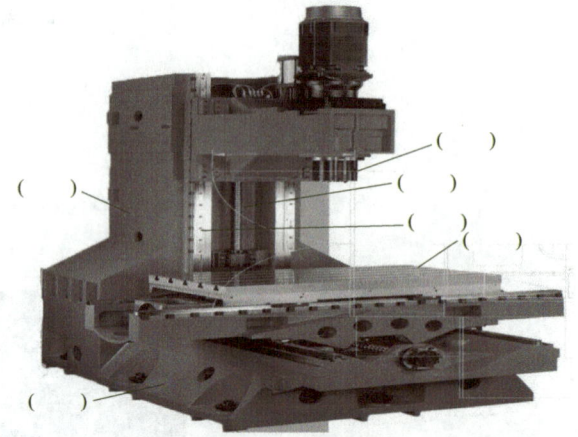

图 1-23　数控铣床

项目一 数控机床机械结构概况

图 1-24 加工中心

四、数控机床典型部件认知

根据表 1-2 中的图示，填写数控机床部件名称及其基本功能。

表 1-2 数控机床典型部件认知

序号	图示	名称	基本功能
1			
2			

11

（续）

序号	图示	名称	基本功能
3			
4			
5			
6	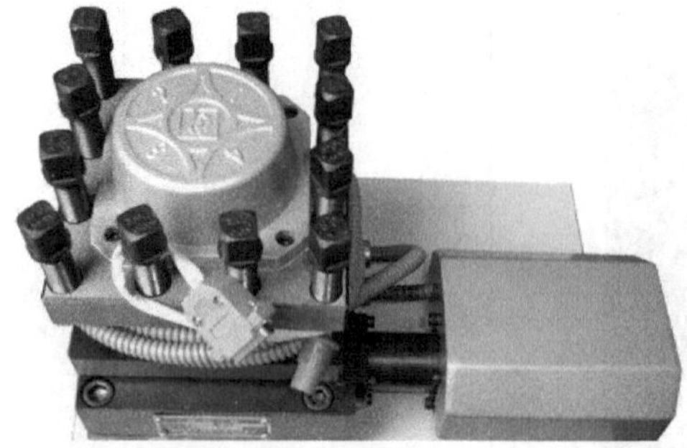		

 任务评价

任务完成后，对任务实施及职业素养养成情况进行综合评价，并填写表1-3。

表1-3 任务评价表

评价项目	内容	评分标准	学生评价 自评	学生评价 互评	教师评价
任务实施	数控车床结构认知	能正确识别基础部件,记录各部件的功能,分别在静止和运行模式下,仔细观察机床各运动功能			
任务实施	数控铣床结构认知	能正确识别基础部件,记录各部件的功能,分别在静止和运行模式下,仔细观察机床各运动功能			
任务实施	加工中心结构认知	能正确识别基础部件,记录各部件的功能,分别在静止和运行模式下,仔细观察机床各运动功能			
职业素养	安全操作	规范穿戴工作服,观察角度、观察方法正确			
职业素养	管理规范	在任务实施过程中按照5S管理规范(整理、整顿、清洁、清扫、素养)进行操作,任务完成后工位保持整洁			

知识拓展

数控机床安全操作规程

1)任何人员使用设备及工具、量具等,必须服从所在车间主管教师的管理。未经主管教师允许,不得开动机床。

2)实习学生必须服从指导人员的安排。任何人使用机床时,必须遵守操作规程。在工作场所内禁止大声喧哗、嬉戏追逐;禁止吸烟;禁止从事未经指导教师同意的操作,不得随意触摸、启动各种开关。

3)操作机床时,穿着要合适,不得穿短裤,不得穿拖鞋;女同学禁止穿裙子,长头发要盘紧固定在适当的帽子里;操作机床时禁止戴手套,不能穿过于宽松的衣服。

4)装夹、测量工件等要停机进行。

5)使用机床前必须先检查电源连接线、控制线及电源,不得在欠电压、过电压、断相、频率不符时起动机床。

6)在进行加工前,首先检查工件、刀具是否紧固,确认操作的安全性。手动操作时,刀架移动速度应控制在1500mm/min以下,增量值应设置在50mm以下。按键时要注意刀架的移动情况。

7)禁止随意改变机床内部设置。

8)机床工作时,操作者不能离开机床,当程序出错或机床性能不稳定时,应立即关机,请示指导教师,排除故障后方能重新开机操作。

9)开动机床时应关闭保护罩,以免发生意外事故。主轴未完全停止前,禁止触摸工件、刀具或主轴。触摸工件、刀具或主轴时要注意是否烫手,小心灼伤。

10)在操作范围内,应把刀具、工具、量具、材料等摆放在工作台上,机床上不应放任何杂物。

11)手潮湿时勿触摸任何开关或按钮,手上有油污时禁止操控控制面板。

12)操控控制面板上的各种功能按钮时要确认无误后,才能进行操控,不要盲目操作。关机前应关闭机床面板上的各功能开关(如转速开关、转向开关)。

13)机床出现故障时,应立即切断电源,并立即报告指导教师,勿带故障操作和擅自处理。指导教师应做好相关记录。

14)操作机床时,只允许一名操作员单独操作,其余人员应离开工作区。同组人员要注意工作场所的环境，互相关照、互相提醒，防止发生人员或设备的安全事故。

15）任何人在使用设备后，都应把刀具、工具、量具、材料等物品整理好，并做好设备清洁和日常维护工作。

16）要保持工作环境的清洁，每天下班前15min，要清理工作场所，并做好当天的设备检查记录。

17）任何人员违反上述规定，指导教师有权停止其操作并做出处罚。

拓展练习

1）数控车床床身和导轨的布局形式主要有哪几种？

2）数控机床机械结构的特点主要表现在哪几个方面？

3）加工中心机械结构主要包括哪几个部分？

项目二

数控机床主轴部件装配

项目导入

本项目通过 YL-569 型数控车床实训设备的学习，了解数控机床的主传动系统的优点。

设备介绍

YL-569 型数控车床实训设备由电气系统和机床本体等组成，可以完成数控机床的安装调试、参数设置、数据备份、PMC 编程、故障诊断与维修、数控加工与编程、数控机床机械拆装与调整、数控机床装调与维修工职业技能鉴定等多个项目的实训教学。

教学目标

知识目标

1) 了解数控机床主传动系统的特点。
2) 了解主轴端部结构的类型。
3) 掌握主轴机械结构各部分的基本用途及工作原理。
4) 掌握主轴润滑的类型和主轴密封的类型。
5) 熟悉轴类零件图的表达方法。

技能目标

1) 能熟练进行主轴的装配与拆卸。
2) 能对主轴轴承进行维护和保养。
3) 装配完成后能进行主轴的检测与调试。

素养目标

1) 培养规范使用检测工具、量具和设备的职业习惯。
2) 操作中注意培养学生热爱劳动、爱岗敬业的精神，促进培养工匠精神。

任务一 数控机床主轴部件认知

任务描述

主轴部件由主轴、主轴支承、安装在主轴上的传动件和密封件等组成。数控机床主轴部件是数控机床上的重要部件之一，是影响机床加工精度的主要部件。本任务从认识主轴部件结构出发，通过分析轴类零件图的规范和技术要求，学习主轴部件结构和基本的维护保养方法。

知识链接

一、主轴部件的结构

主轴部件由主轴、主轴支承、安装在主轴上的传动件和密封件等组成。数控机床主轴部件是数控机床上的重要部件之一，是影响机床加工精度的主要部件。主轴部件的回转精度影响工件的加工精度，其功率大小与回转速度影响加工效率。因此，主轴部件必须具有高的旋转精度、刚度、抗振性和抵抗热变形的能力。

1. 主轴端部结构

主轴的轴端用于安装刀具和夹具，数控机床主轴端部结构对工件或刀具的定位、安装、拆卸以及夹紧的准确性、方便性和可靠性有很大的影响。常见的几种用于不同数控机床主轴的端部结构如图 2-1 所示。

其中，图 2-1a 所示为数控车床主轴端部，采用的是圆锥法兰盘式。这种结构有很高的定心精度，主轴的悬伸长度短，大大提高了主轴的刚度。图 2-1b 所示为数控铣、镗类机床的主轴端部，前端 7∶24 的大锥度锥柄既利于定心，又便于刀具拆卸。图 2-1c 所示为数控外圆磨床砂轮主轴的端部。

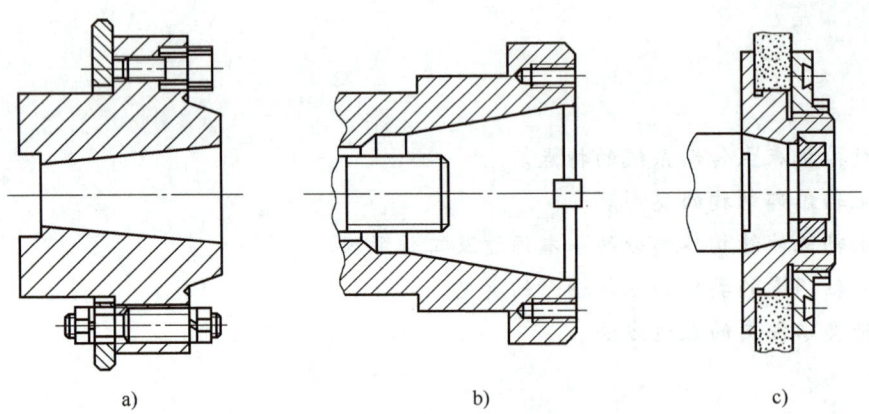

图 2-1 几种数控机床主轴端部的结构
a) 圆锥法兰盘式主轴端部　b) 数控镗床、数控铣床主轴端部　c) 外圆磨床砂轮主轴的端部

2. 主轴机械结构

主轴是主轴部件的重要组成部分，其结构尺寸、形状、制造精度、材料及热处理方法，对主轴部件的工作性能都有很大影响。主轴结构随主传动系统的不同而有各种形式。

数控车床主轴部件的机械结构：对于数控车床主轴，因为在其端部安装着结构较重的卡盘，所以主轴刚度必须进一步提高，并设计合理的连接端，以改善卡盘与主轴端部的连接刚度，如图 2-2 所示。

主轴部件是机床的关键部件，其各部分作用见表 2-1。

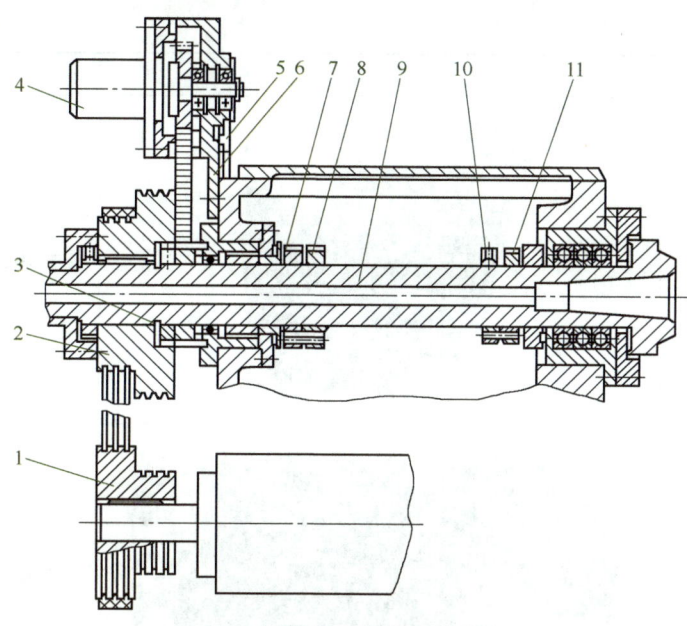

图 2-2　数控车床主轴部件的结构

1、2—带轮　3、7、11—螺母　4—脉冲发生器　5—螺钉　6—支架　8、10—锁紧螺母　9—主轴

表 2-1　主轴部件及其作用

序号	名称	图示	作用
1	主轴箱		主轴箱通常由铸铁铸造而成，主要用于安装主轴零件、主轴电动机、主轴润滑系统等
2	主轴本体		主轴本体是主传动系统中最重要的零件，主要用于支承传动零件及传递转矩
3	轴承		支承主轴
4	同步带轮		同步带轮固定在主轴上，与同步带啮合，带动主轴转动

（续）

序号	名称	图示	作用
5	同步带		主轴电动机与主轴的传动元件
6	主轴电动机		机床加工的动力元件

工作时，交流主轴电动机通过带轮1、2把动力传递给主轴9。主轴有前后两个支承，前支承为三个角接触球轴承，形成背靠背组合形式，轴承用螺母11来预紧，预紧量在轴承制造时已调整好；后支承为圆柱滚子轴承，由螺母3、7来调整其径向间隙，压块锁紧螺母8、10用来防止螺母7、11的松动，通过7和8、10和11之间端面上的圆柱销来实现锁紧。脉冲发生器4由主轴通过一对带轮和同步带带动，与主轴同步运转，同步带的松紧由螺钉5调节。调节时，先将机床上固定脉冲发生器的支架6的螺钉松开，再进行调整，调好后将机架紧固。

二、轴类零件图分析

轴类零件图是制造和检验轴类零件的依据，是反映轴零件结构、大小及技术要求的载体。分析零件图的目的是了解轴类零件的尺寸和技术要求，使轴与轴上零件更好地配合，达到要求的精度。

1. 结构特点

轴类零件一般为回转体结构，如图2-3所示根据设计、安装和加工等要求，轴上常加工出键槽、退刀槽、螺纹、销孔、中心孔、倒角和圆角等结构。

2. 表达方式

1）轴类零件大多在车床上加工，应按加工位置和反映形状特征的方式确定主视图，一般将轴线水平放置，用一个基本视图来表达轴的主体结构。

2）轴类零件上的局部结构，如键槽、退刀槽和中心孔等，可采用剖视图、断面图、局部视图、局部放大图等进行表达。对形状简单且较长的轴段，常采用断裂画法，如图2-3所示。

3. 尺寸标注

1）轴类零件有径向尺寸和轴向尺寸。径向尺寸的主要基准为轴线；轴向尺寸的基准一般选取重要的定位面（如图2-3中 $\phi 35k6$ 的轴肩定位面）或端面。

2）重要尺寸一定要直接标注出来，如安装V带轮、刀盘和滚动轴承的轴向尺寸55mm、32mm等。其他尺寸为了方便测量，一般都按加工顺序标注。

3）轴类零件上的标准结构（如倒角、退刀槽、砂轮越程槽、键槽等）很多，其尺寸应查阅相应的国家标准，按规定注出。

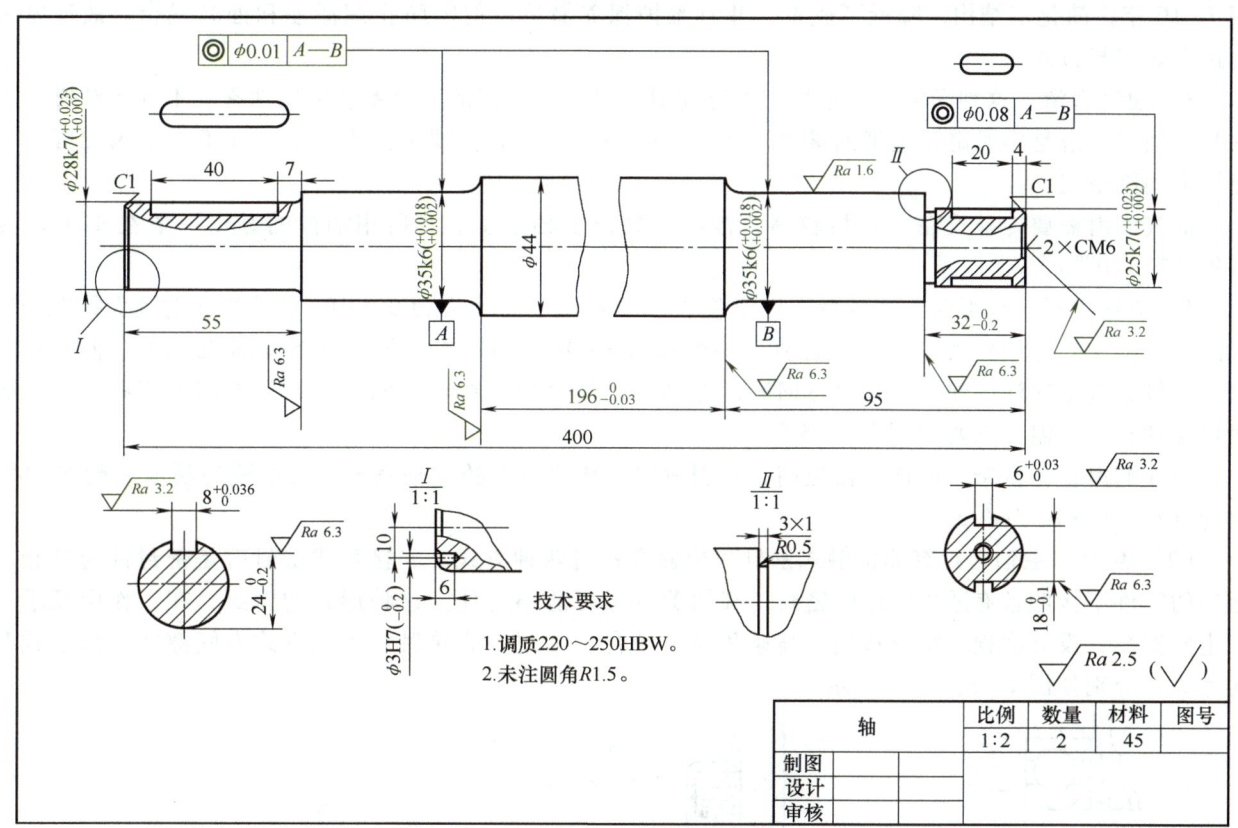

图 2-3 阶梯轴零件图

4. 技术要求

（1）极限与配合及表面粗糙度　对有配合要求的表面，其尺寸精度、表面质量要求较高。如图 2-3 所示，与带轮轮毂、滚动轴承相配合的轴颈的公差带代号分别为 k7 和 k6，其表面粗糙度 Ra 的上限值分别为 3.2μm 和 1.6μm。

对轴向尺寸的精度，凡与其他零件有装配关系的轴段，其长度尺寸要注出公差，如 $196_{-0.03}^{0}$mm、$32_{-0.2}^{0}$mm。作为轴向定位的轴肩，其表面粗糙度 Ra 的上限值为 6.3μm。键槽两侧面的表面粗糙度 Ra 上限值为 3.2μm。

（2）几何公差　对有配合要求的表面和重要的端面，应有几何公差要求，如圆度、圆柱度、同轴度、圆跳动、对称度等。如图 2-3 中两处 $\phi 35$ 的轴线，给出了同轴度公差为 $\phi 0.01$mm 的要求。

（3）热处理　为了提高轴的强度和韧性，常对轴类零件进行调质处理。对轴上与其他零件有相对运动的部分，一般指装配轴承的轴径处，为了提高硬度、增加耐磨性，往往进行表面淬火、渗碳、渗氮等热处理。

三、主轴部件的维护

（1）主轴润滑　对主轴进行润滑可以控制温升，减小热变形影响，延长轴承的使用寿命。常见的主轴轴承润滑方式有油液循环润滑和油脂润滑。为了适应主轴转速向高速化发展的需要，相继出现了新型润滑方式，如油气润滑和喷注润滑。新型润滑方式不仅可以减小轴承温升，还可以减小轴承内外圆的温差，以使主轴热变形较小。

1）油液循环润滑。用油泵供油进行强力润滑，同时具有润滑和冷却作用，其油液容易过滤，清洁度好，能保证充分而均匀地输出润滑油，是一种比较常见的润滑方法，适用于高速、重载的主轴部件。润滑油常用 L-AN 全损耗系统用油。

2）油脂润滑。近年来一部分数控机床的主轴轴承采用高级油脂润滑，每一次加注油脂可以持续使用 7~10 年，简化了结构，降低了成本，并且维护保养简单，但需防止润滑油和油脂混合，故通常采用迷宫式密封方式。

3）油气润滑。这种润滑方式近似于油雾润滑，是通过专门的雾化系统形成油雾。不同于油雾润滑的是，油气润滑是定时定量地把油雾喷入轴承空隙中，这样既实现了油雾润滑，又不至于因油雾太多而污染周围空气。

油气润滑需要专业设备，价格较高，常用于高速主轴系统。其所用油液的黏度一般在 40℃ 时为 $(18~37)\times10^{-6}m^2/s$。

4）喷注润滑。润滑时，在轴承周围安装 3~4 个喷嘴，将压力为 0.4MPa 的油液注射到保持架与轴承圈的空隙中，即用较大流量的恒温油（每个轴承 3~4L/min）周期性喷注到主轴轴承上。但需特别指出，较大流量喷注的油，不是自然回流，而是用排油泵强制排油；同时要采用专门的高精度、大容量恒温油箱，油温变动要控制在 ±0.5℃。

喷注润滑设备复杂，因而价格更高，特别适用于转速极高的主轴系统。其油液的黏度一般在 40℃ 时为 $(8~15)\times10^{-6}m^2/s$。

（2）密封　主轴密封有非接触式密封和接触式密封两种方式。非接触式密封就是密封件与其相对运动的零件不接触且有适当间隙的密封，其间隙以尽可能小为佳。这种形式的密封，在工作中几乎不产生摩擦热，没有磨损，特别适用于高速和高温场合。常用的非接触式密封方式有间隙式、离心式和迷宫式，分别如图 2-4a、b、c 所示。

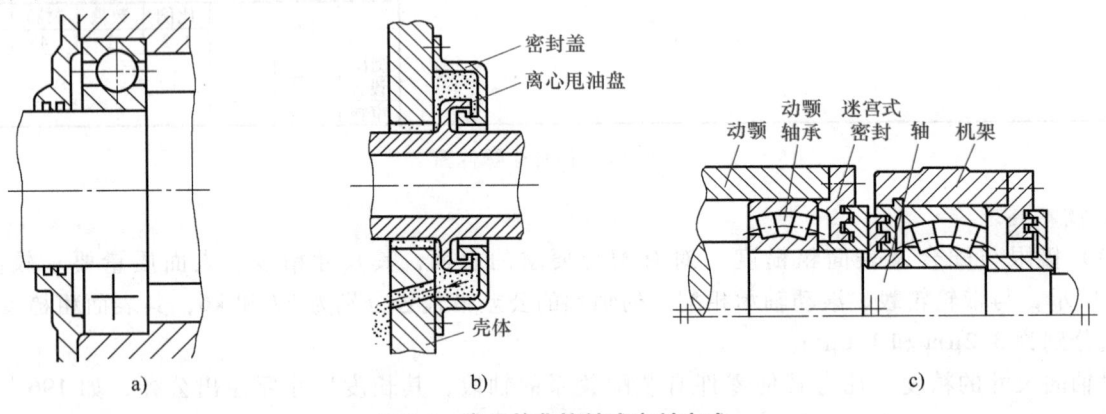

图 2-4　常用的非接触式密封方式
a）间隙式　b）离心式　c）迷宫式

接触式密封就是密封件与其相对运动的零件相接触且没有间隙的密封。这种密封结构中由于密封件与配合件直接接触，在工作中摩擦较大，发热量也大，易造成润滑不良，接触面易磨损，从而导致密封效果与性能下降。因此，它只适用于中、低速的工作场合。常用的接触式密封方式有毛毡圈密封和唇形圈密封，分别如图 2-5a、b 所示。

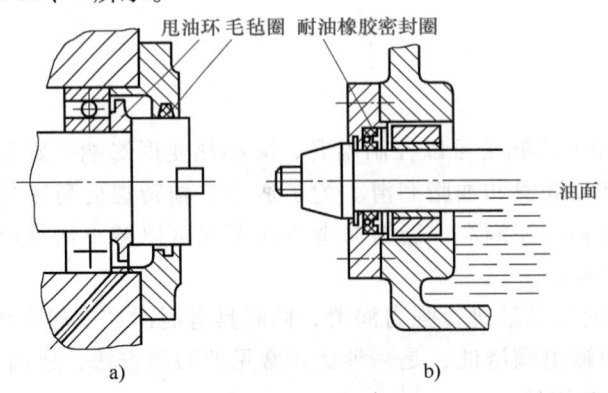

图 2-5　常用的接触式密封方式
a）毛毡圈密封　b）唇形圈密封

在密封件中，被密封的介质往往是以渗透或者扩散的形式泄漏到密封连接处，造成这种现象的基本原因是流体从密封面上的间隙中溢出，或是由于密封部件内、外两侧密封介质的压力差或者浓度差，导致流体向压力或者浓度低的一侧流动。

 任务实施

1）认识主轴部件，完成连线。

　　　　　　　　　　　　　　　主轴箱

　　　　　　　　　　　　　　　主轴本体

　　　　　　　　　　　　　　　轴承

　　　　　　　　　　　　　　　同步带轮

2）读懂图 2-6 所示传动盘立体图，找出错误之处并进行改正，然后绘制其零件图。

3）按表 2-2 所列内容进行主轴及其部件的维护，以一周七天作为一个维护周期，每天进行维护，并填写表格。

表 2-2　主轴及其部件的维护

序号	内容	一	二	三	四	五	六	七
1	检查润滑是否正常							
2	冷却系统有无堵塞							
3	主轴孔内有无铁屑							
4	机床罩壳及周围场地							

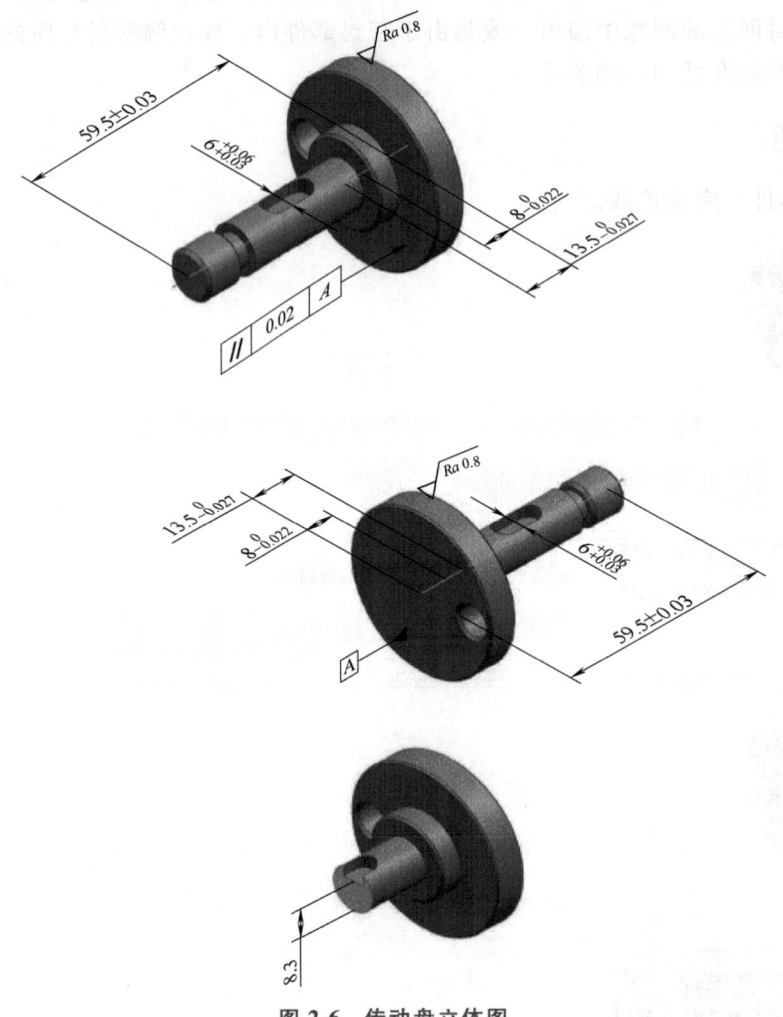

图 2-6 传动盘立体图

任务评价

任务完成后，对任务实施及职业素养养成情况进行综合评价，并填写表 2-3。

表 2-3 任务评价表

评价项目	内容	评分标准	学生评价 自评	学生评价 互评	教师评价
任务实施	绘制主轴零件图	按照主轴零件上键槽、孔等部位的精度要求，规范绘制零件图			
任务实施	主轴结构认知	熟练掌握典型数控机床主轴结构			
任务实施	主轴部件维护	能对典型机床主轴部件进行基本的维护			
职业素养	安全操作	规范穿戴工作服，合理进行主轴部件的维护			
职业素养	管理规范	在任务实施过程中按照5S管理规范（整理、整顿、清洁、清扫、素养）进行操作，仪器、器件、工具摆放合理，任务完成后工位保持整洁			

拓展练习

1) 不同的机床，主轴端部的结构有哪些不同？为什么？
2) 在机床主轴部件中，哪些结构会影响机床的加工精度？

任务二　主轴的拆卸与装配

任务描述

本任务通过对数控车床主轴进行拆卸与装配操作，了解数控车床主传动系统的主要组成部分，掌握主轴装配精度要求和拆装操作要点。

知识链接

一、主轴支承

主轴轴承是主轴部件的重要组成部分，在数控机床上常用的主轴轴承有滚动轴承和滑动轴承。

1. 滚动轴承

滚动轴承摩擦阻力小，润滑、维护简单，通过预紧，能在一定的转速范围和载荷变动范围内稳定工作。滚动轴承由专业公司生产，选购维修方便，广泛应用于数控机床上。滚动轴承根据滚动体的结构分为球轴承、滚柱轴承和滚针轴承三大类。

机床主轴常用滚动轴承的结构如图 2-7 所示。

图 2-7　机床主轴常用滚动轴承实物图
a) 角接触球轴承　b) 圆锥滚子轴承　c) 圆柱滚子轴承

2. 滑动轴承

在数控机床上最常使用的滑动轴承是静压滑动轴承。静压滑动轴承的油膜压力由液压缸从外界供给，与主轴是否旋转、转速的高低无关（忽略旋转时的动压效应）。它的承载能力不随转速而变化，而且无磨损，起动和运转时摩擦阻力矩相同。滑动轴承的刚度大，回转精度高，但静压滑动轴承需要一套液压装置，故成本较高。

静压滑动轴承主要由供油系统、节流器和轴承等部件组成，如图 2-8 所示。

二、主轴滚动轴承的预紧

轴承预紧就是使轴承滚道预先承受一定的载荷，这不仅能消除间隙，还能使滚动体与滚道之间发生一定的变形，从而使其接触面积增大，轴承受力时的变形减小，抵抗变形的能力增强。因此，对主轴滚动轴承进行预紧和合理选择预紧量，可以提高主轴部件的旋转精度、刚度和抗振性。在装配机床

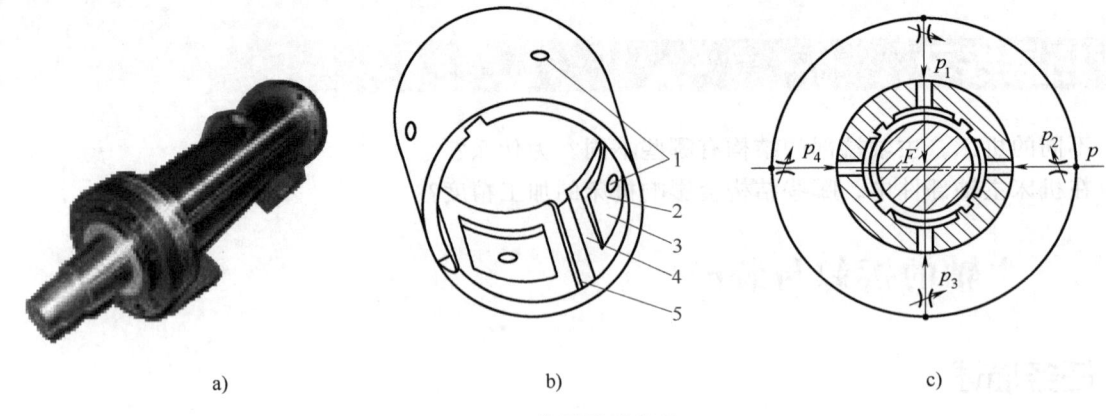

图 2-8 静压滑动轴承
a）轴承主体 b）轴承 c）供油系统（p_1、p_2、p_3、p_4 为节流器）
1—进油孔 2—油腔 3—轴向封油面 4—周向封油面 5—回油槽

主轴部件时对轴承进行预紧，使用一段时间以后，间隙或过盈会发生变化，需要重新调整，所以要求预紧结构便于进行调整。

滚动轴承通过间隙的调整来预紧，通常是通过使轴承内、外圈做相对轴向移动来实现的，常用的方法有以下几种。

1. 轴承内圈移动

用螺母通过套筒推动轴承内圈在轴颈上滑动，使内圈变大膨胀，在滚道上产生过盈，从而达到预紧的目的，如图 2-9 所示。

2. 修磨座圈或隔套

图 2-10a 所示为轴承外圈宽边相对（背对背）安装，这时可修磨轴承内圈的内侧；图 2-10b 所示为轴承外圈窄边相对（面对面）安装，这时可修磨轴承外圈的窄边。安装后用螺母或法兰盖将两个轴承轴向压拢，使两个修磨过的端面贴紧，这样在两个轴承的滚道之前即产生预紧力。

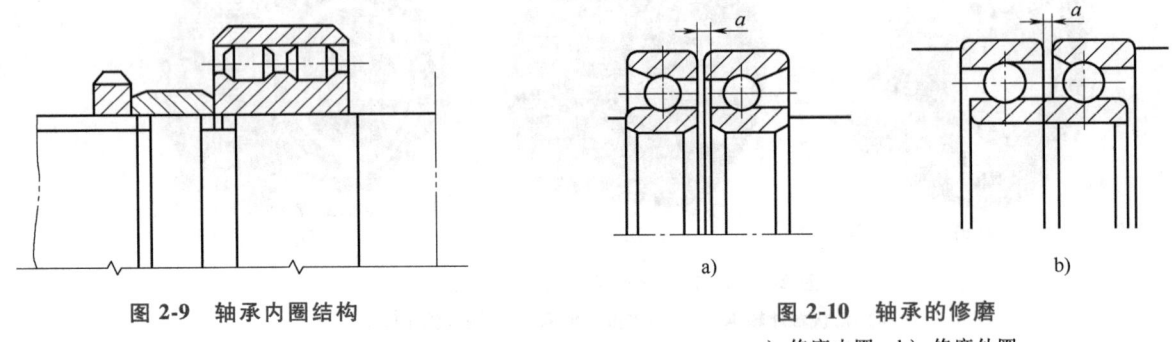

图 2-9 轴承内圈结构　　　　　　图 2-10 轴承的修磨
　　　　　　　　　　　　　　　　a）修磨内圈 b）修磨外圈

还可以将两个厚度不同的隔套放在两轴承内、外圈之前，同样将两个轴承轴向相对压紧，使滚道之间产生预紧力，如图 2-11 所示。

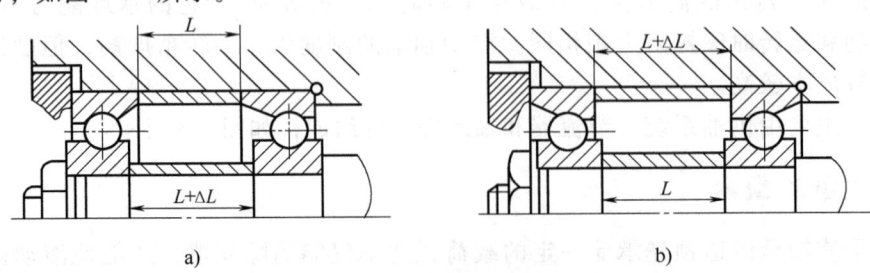

图 2-11 安装轴承隔套
a）内隔套大于外隔套 b）外隔套大于内隔套

一、工具及设备准备

准备铜棒、橡皮锤、长铝棒、套筒扳手、撬杠、活扳手、内六角扳手等,如图 2-12 所示,准备 YL-569 型数控车床实训设备。

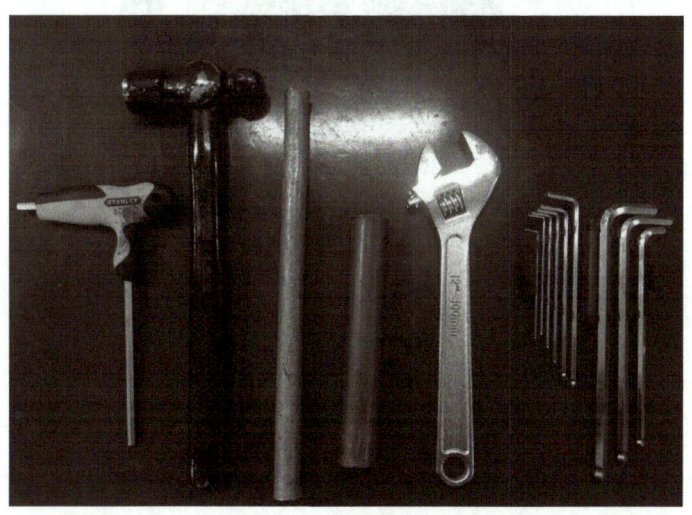

图 2-12 主轴拆装工具

二、主轴的装配和拆卸步骤

在 YL-569 型数控车床实训设备上进行主轴的装配与拆卸操作。

1. 主轴的装配过程(表 2-4)

表 2-4 主轴的装配过程

步骤	说明	图示	注意事项
1	依次安装主轴头部盖板和垫圈		安装顺序与安装方向要正确
2	安装圆柱滚子轴承		安装轴承时要均匀涂抹润滑脂

（续）

步骤	说明	图示	注意事项
3	依次安装两个角接触球轴承		轴承外圈要与宽边相对
4	安装前轴承套		
5	旋入锁紧螺母		旋入并锁紧
6	将装好轴承的主轴本体装入轴承座中	 	因主轴本体较重，需两人配合安装
7	安装主轴后端圆柱滚子轴承	 	安装时慢慢装入轴承，以免轴承损坏

（续）

步骤	说明	图示	注意事项
8	安装端盖		安装前应清理表面
9	安装垫圈		
10	旋入锁紧螺母并装入键		
11	安装带轮		边安装边拨动带轮，使其旋转，按照旋转方向安装传动带
12	安装主轴前端法兰盘和卡盘		两人配合操作

2. 主轴的拆卸

主轴的拆卸过程与装配过程相反,根据装配图,把主轴从机床主体上拆卸下来,并将各零件按顺序摆放整齐。拆卸步骤如下:

1) 拆卸传动带和同步带轮。
2) 用内六角扳手旋开盖板,取下锁紧螺母和垫圈。
3) 选择适当的内六角扳手拆卸卡盘和法兰盘。
4) 松下盖板上的固定螺母,从支承座上取下主轴。
5) 依次取下主轴前端轴承和后端轴承。
6) 全部零部件取下后,进行清洗和上油润滑。

> **操作提示**
>
> 1) 拆卸卡盘和法兰盘时,应在主轴中插入一根铜棒,以免主轴掉下砸到床身上,造成机床损坏。
> 2) 拆下的轴承、螺母等,应按顺序摆放整齐并进行编号,以方便装配。
> 3) 拆卸零件时,应适当用铜棒轻轻敲击拆卸或装配困难的部分,当拆不下或装不上时,不要强行操作,应分析原因后再进行拆装。
> 4) 在拆卸过程中可拍摄一些关键结构处的照片,防止装配时出现安装不到位的情况。
> 5) 拆卸和装配结束后,清理机床并收好工具。

任务评价

任务完成后,对任务实施及职业素养养成情况进行综合评价,并填写表2-5。

表 2-5 任务评价表

评价项目	内容	评分标准	学生评价		教师评价
			自评	互评	
任务实施	拆卸同步带轮	正确进行同步带轮的拆卸,拆下的零件摆放整齐			
	拆卸卡盘、法兰盘	正确进行卡盘和法兰盘的拆卸,拆下的零件摆放整齐			
	拆卸轴承	能正确进行轴承的拆卸操作,感受轴承的转动过程			
职业素养	安全操作	规范穿戴工作服,合理使用拆装工具			
	管理规范	在任务实施过程中按照5S管理规范(整理、整顿、清洁、清扫、素养)进行操作,零部件、工具摆放合理,任务完成后工位保持整洁			

拓展练习

1) 主轴常用滚动轴承的类型有哪几种?它们的结构特点是什么?
2) 在本任务中,安装轴承时为什么采用轴承外圈与宽边相对(背对背)的安装形式?

项目三

数控机床进给传动部件装配与调试

项目导入

本项目通过对 YL-569 型数控车床实习训练设备的进给传动部件进行装配与调试，学习机床导轨、滚珠丝杠螺母副的结构、工作原理和安装方法，同时学习常用检测工、量具的使用方法，对各检测要点进行精度检测；其次，学习导轨、滚珠丝杠的日常维护和保养方法，学会电动机和联轴器的安装方法。

设备介绍

YL-569 型数控车床实习训练设备由电气系统、机械十字滑台、刀架等组成，其中滚珠丝杠螺母副、滚动导轨、联轴器等部件是机械传动机构中应用最为广泛的装置。

教学目标

知识目标

1) 熟悉直线滚动导轨的种类和基本结构。
2) 熟悉滚珠丝杠螺母副的种类和基本结构。
3) 熟悉联轴器的基本结构。
4) 了解直线滚动导轨和滚珠丝杠的日常维护和保养方法。

技能目标

1) 能正确使用工、量具完成进给传动部件的装配。
2) 能进行直线滚动导轨和滚珠丝杠的装配与调试。
3) 能正确进行电动机与联轴器的连接。

素养目标

1) 穿好工作服和绝缘鞋，规范使用工、量具，强化规范意识和安全意识。
2) 养成爱护工具、量具和设备的习惯，爱护生产设备，让工具、设备成为促进自身积极进取的源泉，增进人机互动，向人机合一的大国工匠迈进。

任务一 数控机床导轨的安装与调试

 任务描述

本任务通过数控机床导轨的安装与调试，熟悉数控机床导轨的基本结构和分类方法，掌握数控机床导轨的安装与调试方法，能进行导轨平行度的调整，能够正确使用工具拆卸导轨并对导轨进行日常维护与保养。

 知识链接

导轨是机床上重要的进给传动部件之一，机床的加工精度和使用寿命在很大程度上取决于机床导轨的质量，因此数控机床对导轨有很高的要求，如精度高、耐磨性好、运动平稳、抗振性强、低速无爬行等。

一、常用导轨的种类及特点

导轨按运动轨迹可分为直线运动导轨和圆周运动导轨，如图3-1和图3-2所示；按照受力情况可分为开式导轨和闭式导轨；按工作性质可分为主运动导轨、进给运动导轨和调整导轨。为了提高数控机床的定位精度和运动平稳性，目前普遍采用滚动导轨、塑料导轨和静压导轨。

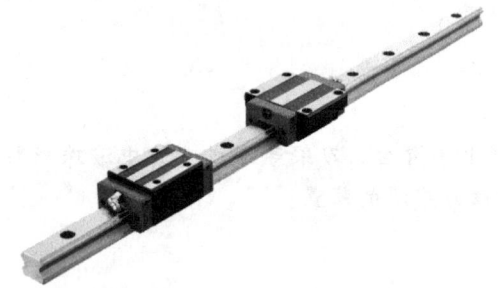

图3-1 直线运动导轨

图3-2 圆周运动导轨

1. 滚动导轨

滚动导轨在导轨工作面之间安排滚动件，使两导轨面之间形成滚动摩擦，动、静摩擦因数很接近，且不受运动变化的影响，故磨损小，精度保持性好，低速运动时不易产生爬行现象，所需的驱动功率小，在数控机床上应用广泛。

滚动导轨的结构如图3-3所示。

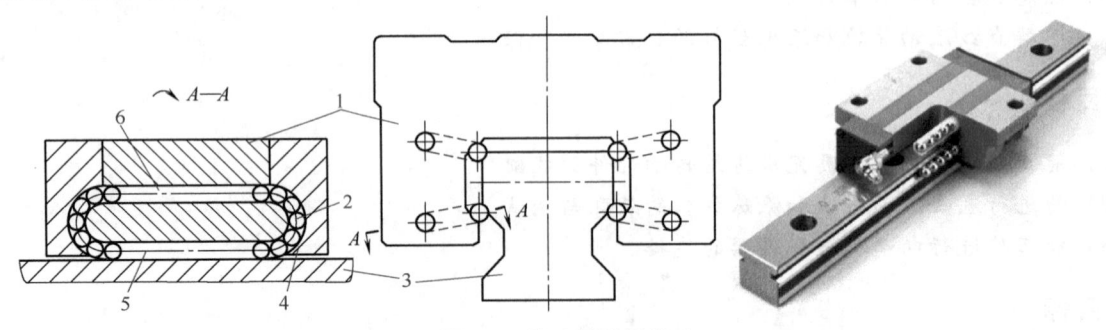

图3-3 滚动导轨的结构

1—滑块 2—滚珠 3—导轨 4—返回器 5—工作滚道 6—返回滚道

滚动导轨移动部件运动时，滚动体沿封闭轨道做循环运动。滚动体可以是滚珠、滚柱和滚针。滚珠导轨承载能力小，刚度低，适用于运动部件质量不大的场合；滚柱导轨的承载能力大，刚度高，适用于载荷较大的机床，如图3-4所示；滚针导轨的滚针尺寸小，适用于导轨尺寸受限制的机床。

2. 塑料导轨

塑料导轨如图3-5所示，在导轨的一个滑动面上贴有一层抗磨软带，如图3-6所示。软带是以聚四氟乙烯为基体，添加合金粉和氧化物的高分子复合材料。塑料导轨摩擦因数小而稳定，动、静摩擦因数相近，运动平稳性好，无爬行，耐磨性、减振性、化学稳定性好，维修、护理方便。

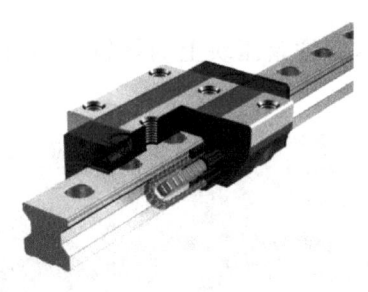

图3-4　滚柱导轨

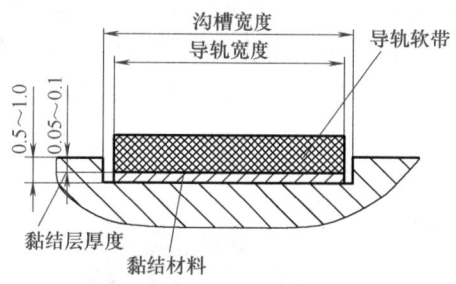

图3-5　塑料导轨

导轨软带应粘贴在导轨面上，粘贴时用丙酮或三氯乙烯清洁剂清洗导轨黏合面和软带的粘贴面，再用黏结剂黏合，加压并在室温下固化24h以上，最后对粘贴好的导轨面进行精加工，如开油槽、研磨等。

3. 静压导轨

静压导轨的滑动面之间开有油腔，如图3-7所示，将有一定压力的油通过节流器输入油腔，形成压力油膜，从而使导轨工作表面处于纯液体摩擦状态，摩擦因数小，磨损小，精度保持性好，并使驱动功率大大降低；其运动不受速度和负载的限制，刚度好，低速无爬行，同时因油液有吸振作用，故抗振性好。但静压导轨结构复杂，要有专门的供油系统，而且对油的清洁度要求比较高，故多用于重型机床。

图3-6　导轨软带

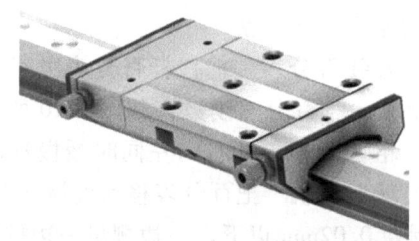

图3-7　静压导轨

二、导轨的安装技巧与方法

1. 安装要求（表3-1）

表3-1　导轨的安装要求

项目	内容及要求
安装前	1）清点零件，准备工具、量具 2）清洗零件，清洁配合面
安装时	1）基准导轨应与定位基准面接触可靠 2）两根直线导轨的平行度误差≤0.02mm 3）导轨螺钉锁紧可靠

2. 清洗

（1）清洗导轨　导轨属于精密部件，因此在安装前要用煤油清洗导轨副，然后用干净的抹布擦干。

（2）清洗底板安装面　在底板上安装导轨副的位置涂上润滑油，再用油石打磨安装面，然后用抹布擦净。

3. 安装基准导轨

1）安装基准导轨时，导轨上的箭头指向靠山（定位基准面），滑块基准面面向靠山，如图3-8所示。

2）预紧螺钉。预紧时应使螺钉尾部全部陷入沉孔。

3）安装压块。安装时用手抵住压块，使压块紧贴导轨，然后拧紧压块上的螺钉，如图3-9所示，压块与导轨之间的间隙不能大于0.01mm。

图3-8　安装基准导轨

图3-9　安装压块

4）拧紧导轨上的螺钉，拧紧顺序为从左到右或从右到左。

4. 安装副导轨

1）安装副导轨时，使副导轨滑块的基准面面向基准导轨。

2）预紧螺钉并使螺钉尾部全部陷入沉孔。

5. 测量导轨平行度

（1）安装百分表　把杠杆百分表吸附在基准导轨滑块上，测头接触副导轨滑块基准面并压到合适位置，读取此时百分表读数，如图3-10所示。

（2）粗调导轨　从右向左同时缓慢移动两块滑块，使百分表读数维持在一定的范围内。

（3）精调导轨　把百分表移动到最右端，拧紧导轨最右端的螺钉并读数，然后向左移动百分表，将误差控制在0.02mm以下，一边测量一边拧紧螺钉，使导轨平行度误差在0.02mm以下，如图3-11所示。

图3-10　测量导轨平行度并读数

图3-11　精调导轨

（4）安装导轨压块　安装导轨压块并拧紧，复检导轨平行度，如有偏差再进行调整。

任务实施

一、工、量具准备

准备百分表及磁力表座、内六角扳手、油石、抹布、煤油、毛刷、清洗剂等，如图 3-12 所示。

图 3-12　工、量具准备

二、导轨的拆卸及安装

1. 导轨的拆卸

按表 3-2 所列步骤拆卸导轨。

导轨的拆卸

表 3-2　导轨的拆卸步骤

步骤	说明	图示	注意事项
1	拆下导轨压块		移动滑块时不能与凸起压块相撞，否则会造成滑块损伤
2	拆下导轨		滑块不能与凸起的内六角螺钉相撞
3	完成导轨的拆卸		取下导轨时滑块不能脱离导轨，否则会造成滚珠脱落

2. 导轨的安装

按表 3-3 所列步骤安装导轨。

导轨的安装

表3-3 导轨的安装步骤

步骤	说明	图示	注意事项
1	清洗导轨		清洁导轨表面
2	打磨导轨安装面并擦净	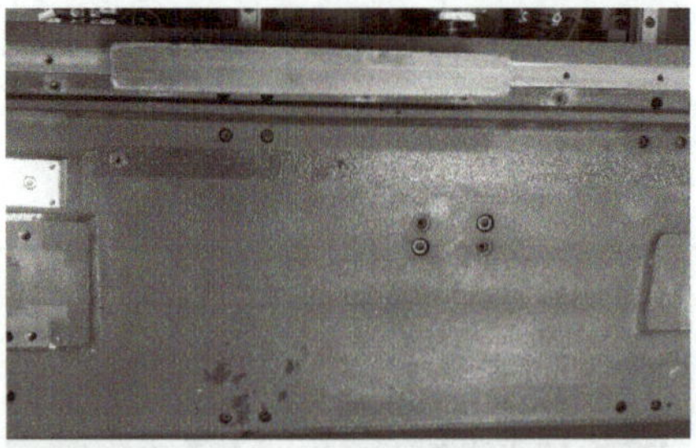	先在安装面上喷油,再用油石打磨
3	安装基准导轨	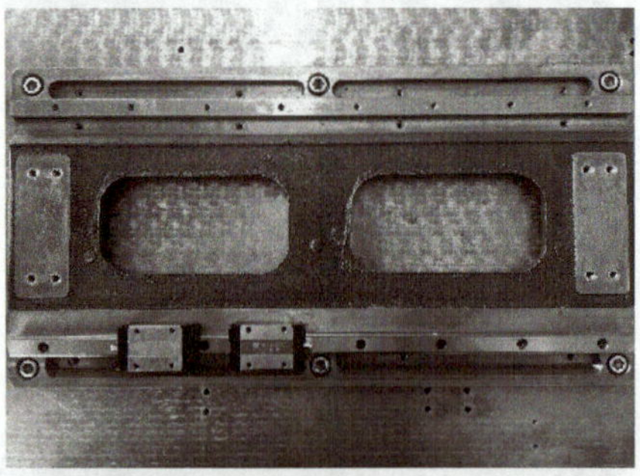	使导轨紧贴靠山,并预紧螺钉,螺钉的尾部应全部陷入沉孔,否则会与滑块发生摩擦,导致滑块损坏
4	安装导轨压块		拧紧压块的内六角螺钉,移动滑块时不要与螺钉相撞
5	拧紧导轨螺钉	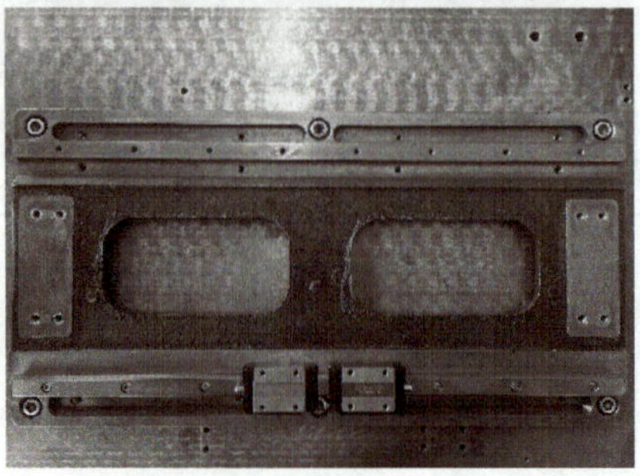	螺钉拧紧顺序:从左到右或由中间向两边

(续)

步骤	说明	图示	注意事项
6	安装副导轨并预紧螺钉	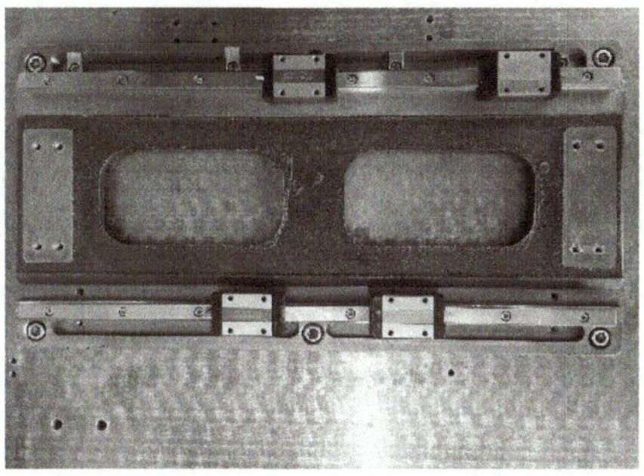	副导轨的安装方法参照基准导轨
7	测量导轨平行度		从右到左,一边调整两导轨平行度一边拧紧螺钉,保证误差在 0.02mm 以下
8	安装导轨压块,完成导轨的安装		依次拧紧螺钉,拧紧时注意百分表读数的变化,控制其读数在 0.02mm 以下

> **操作提示**
>
> 1) 在拆卸导轨的过程中,应将各零部件集中放置,特别注意螺钉与压块的存放,避免遗失。
> 2) 安装时应注意两根导轨上滑块的基准面应相对安装。
> 3) 正确使用工、量具,工、量具摆放应整齐、规范。

三、导轨日常维护工作

在导轨面上进行润滑,可以减小摩擦和磨损,并且可以防止导轨生锈。根据导轨润滑状况及时调整导轨润滑油量,保证润滑油压力,可保证导轨润滑良好。

1) 每次运行前检查导轨的润滑情况是否良好,如润滑不良可加注润滑油,如图 3-13 所示。

2）在操作中要避免切屑、磨粒或切削液散落在导轨上，否则会造成导轨磨损加剧、擦伤、锈蚀。

3）严禁超负荷使用导轨。

4）严禁将滑块滑出导轨。

5）每次使用结束后应在导轨上涂润滑油。

6）定期检查导轨的磨损情况。

 任务评价

任务完成后，对任务实施及职业素养养成情况进行综合评价，并填写表 3-4。

图 3-13　加注润滑油

表 3-4　任务评价表

评价项目	内容	评分标准	学生评价		教师评价
			自评	互评	
任务实施	拆卸	正确进行导轨的拆卸			
	装配	正确进行导轨的安装			
	调试	导轨平行度误差控制在 0.02mm 以下，滑块移动顺畅无阻塞感			
职业素养	安全操作	规范穿戴工作服，合理使用拆装工具			
	管理规范	在任务实施过程中按照5S管理规范（整理、整顿、清洁、清扫、素养）进行操作，工、量具摆放合理，任务完成后工位保持整洁			

 拓展练习

1）导轨上使用的润滑油主要有哪几种？

2）简述导轨平行度的测量方法。

任务二　滚珠丝杠螺母副的安装与调试

 任务描述

本任务通过滚珠丝杠螺母副的安装与调试操作，熟悉并掌握滚珠丝杠的结构与种类、基本参数、结构特点、安装支承方式，掌握用百分表测量丝杠与导轨平行度的方法，熟悉不同轴承的特点和应用场合，会进行丝杠的日常保养。

 知识链接

一、滚珠丝杠螺母副的工作原理和特点

滚珠丝杠螺母副是数控机床中将旋转运动转换为直线运动的典型传动装置。

1. 滚珠丝杠螺母副的工作原理

滚珠丝杠螺母副如图 3-14 所示，其结构如图 3-15 所示，在丝杠和螺母上有螺旋槽，把它们装在一起就形成了螺旋滚道，螺母上的滚珠回路滚道为封闭的循环滚道，在滚道内装满滚珠。当丝杠旋转时，滚珠在滚道内既自转又沿着滚道循环旋转，从而使丝杠或螺母轴向移动。

项目三 数控机床进给传动部件装配与调试

图 3-14 滚珠丝杠螺母副

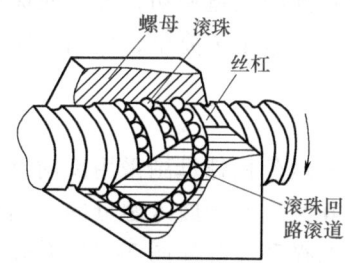

图 3-15 滚珠丝杠螺母副的结构

2. 滚珠丝杠螺母副的特点

滚珠丝杠螺母副在传动时的摩擦形式是滚动摩擦，具有以下优点。

（1）传动效率高　滚珠丝杠螺母副的传动效率可达92%~98%，是普通丝杠传动效率的3~4倍。

（2）摩擦损失小　由于其工作时是滚动摩擦，动、静摩擦因数相近，运动平稳，无爬行现象，传动精度高，使用寿命长。

（3）定位精度高　滚珠丝杠螺母副经过适当的预紧后可以消除轴向间隙，提高系统的刚度，反向运动时无空行程，定位精度高。

（4）有可逆性　丝杠和螺母都可成为主动件，可以从旋转运动转换为直线运动，也可从直线运动转换为旋转运动。

因为滚珠丝杠螺母副有这些优点，所以在各类中小型机床中被广泛应用，但其也有以下缺点。

（1）制造成本高，工艺复杂

（2）不能自锁　由于其工作时摩擦小，用于垂直位置时，为了防止突然断电而造成主轴箱下滑，必须添加制动装置。

二、滚珠丝杠螺母副的循环方式

滚珠丝杠螺母副常用的循环方式有两种：外循环和内循环。

1. 外循环

滚珠在循环过程中有时与丝杠脱离接触的循环称为外循环，如图3-16所示。其中，图3-16a所示为端盖式，这种结构方式是在螺母上加工一个纵向孔，作为滚珠的回程通道，螺母两端的盖板上开有滚珠的回程口，滚珠由此进入回程通道，形成循环；图3-16b所示为插管式，用弯管作为返回通道，由于通道凸出螺母体外，径向尺寸较大；图3-16c所示为螺旋槽式，在螺母外圆上铣出螺旋槽，槽的

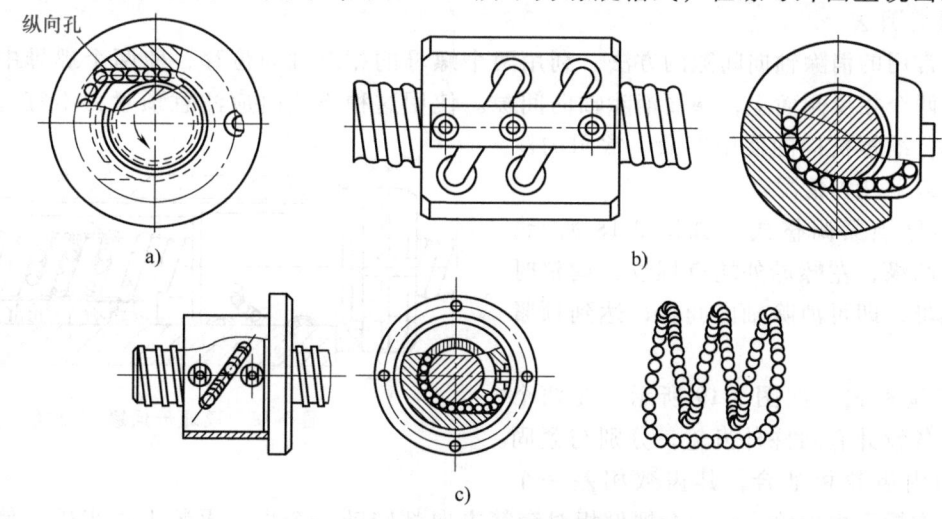

图 3-16 外循环滚珠丝杠螺母副
a) 端盖式　b) 插管式　c) 螺旋槽式

两端钻出通孔并与滚道相切,形成回珠槽,这种结构径向尺寸小,但制造比较复杂。外循环滚珠丝杠螺母副结构和制造工艺简单,使用比较广泛,缺点是滚道接缝处不够平滑,运动时会影响平稳性,噪声较大。

2. 内循环

内循环滚珠丝杠螺母副采用反向器实现滚珠循环,反向器分为两种类型。图 3-17a 所示为圆柱凸键反向器,其圆柱部分嵌入螺母内,端部有反向槽,反向槽由凸键实现定位,保证滚珠对准螺纹滚道方向,滚珠的循环路径如图 3-17b 所示。图 3-17c 所示为扁圆镶块反向器,镶块嵌入螺母的切槽中,由镶块外轮廓定位,滚珠的循环路径如图 3-17d 所示。这两种反向器相比较,后者尺寸较小,减小了螺母的径向尺寸和轴向尺寸,对外轮廓和螺母上切槽的尺寸精度要求较高。

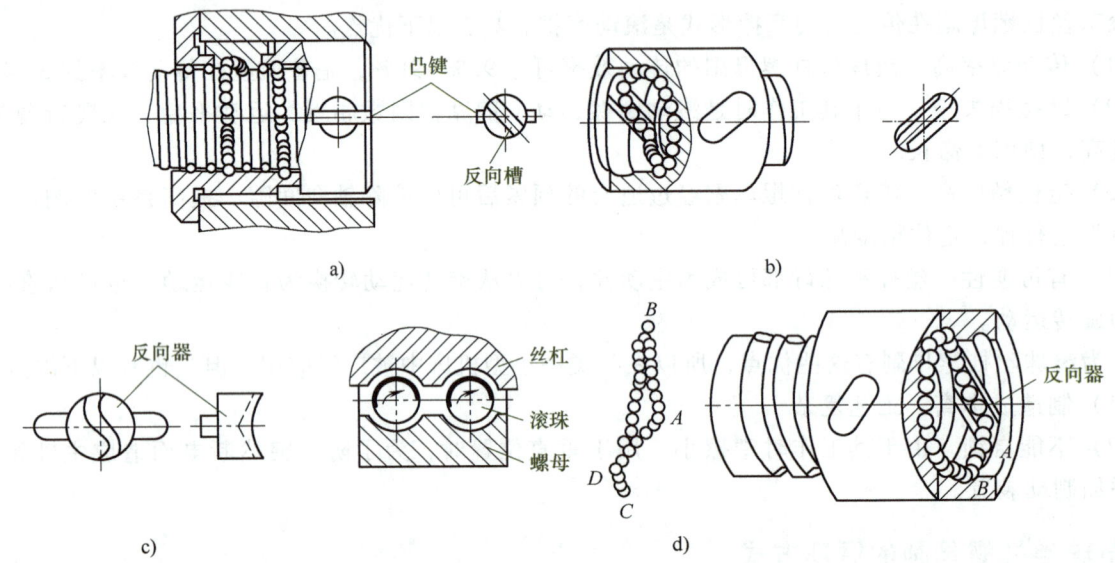

图 3-17 内循环滚珠丝杠螺母副
a)圆柱凸键反向器 b)、d)滚珠的循环路径 c)扁圆镶块反向器

三、滚珠丝杠螺母副间隙的消除

为了保证滚珠丝杠反向传动的精度和轴向刚度,必须消除轴向间隙。轴向间隙通常是指丝杠和螺母无相对转动的情况下,丝杠和螺母的轴向窜动量。消除此间隙有下列两种方法。

1. 双螺母消隙法

这是一种常用的消除轴向间隙的方法,利用两个螺母的相对轴向位移,使两个螺母中的滚珠贴紧在螺旋滚道的两个相反侧面上,从而消除轴向间隙。使用这种方法时应注意预紧力不宜过大,否则会降低传动效率,缩短机构的使用寿命。常用的双螺母消隙法有以下几种情况。

(1)双螺母预紧调整式 如图 3-18 所示,右螺母外端有凸缘,左螺母外端有螺纹,调整时只要旋动圆螺母,即可消除轴向间隙,达到预紧的目的。

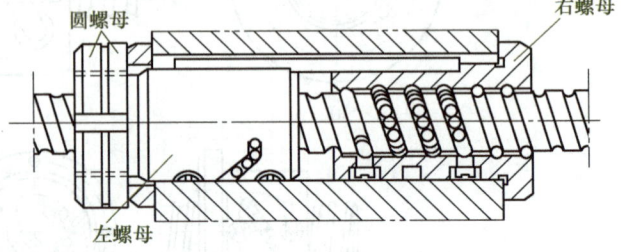

图 3-18 双螺母预紧调整式

(2)齿差调整式 如图 3-19 所示,在两个螺母的凸缘上各设计有圆柱外齿轮,分别与紧固在套筒两端的内齿轮相啮合,其齿数相差一个齿,调整时,先拆下内齿轮,让两个螺母相对套筒方向都转动一个齿,再装上内齿轮,使两个螺母产生相对角位移。这种方法方便、可靠,多用于高精度传动。

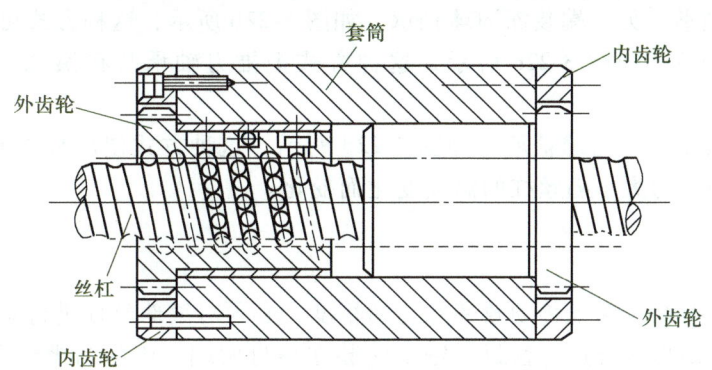

图 3-19 齿差调整式

（3）垫片调整式　如图 3-20 所示，调整垫片厚度可以使左、右两个螺母产生轴向位移，从而消除间隙，产生预紧力。这种方法结构简单，轴向刚性好，但调整不便。

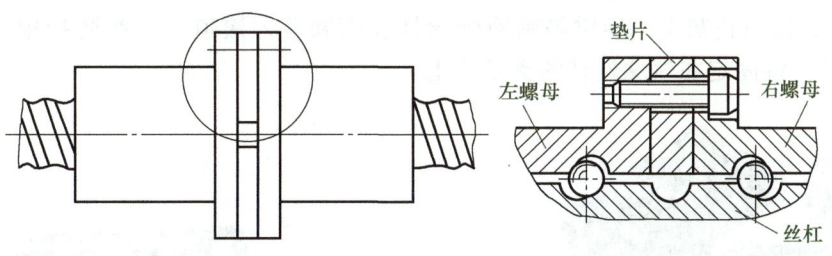

图 3-20 垫片调整式

2. 单螺母消隙法

如图 3-21 所示，使内螺母滚道在轴向产生一个 ΔP_h 的导程突变量，从而使两列滚珠在轴向错位来实现预紧，称为单螺母消隙法。这种方法结构简单，但在使用中不能调整，且制造困难。

四、滚珠丝杠的支承方式

滚珠丝杠常用推力轴承支承，以提高轴向刚度，其支承方式有以下几种。

（1）一端装推力轴承　如图 3-22a 所示，这种方式承载能力和轴向刚度低，多用于轻载、低速、垂直安装的传动系统。

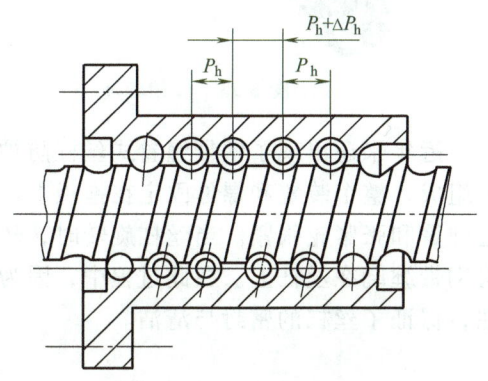

图 3-21 单螺母消隙法

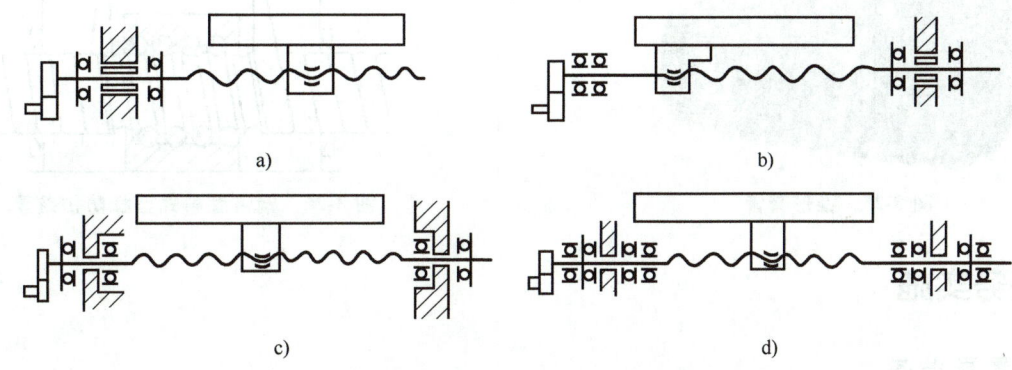

图 3-22 滚珠丝杠在机床上的支承方式

a）一端装推力轴承　b）一端装推力轴承，另一端装深沟球轴承　c）两端装推力轴承　d）两端装推力轴承及深沟球轴承

（2）一端装推力轴承，另一端装深沟球轴承 如图 3-22b 所示，这种方式可用于丝杠较长的场合。

（3）两端装推力轴承 如图 3-22c 所示，这种方式把推力轴承装在滚珠丝杠两端，有助于提高刚度。

（4）两端装推力轴承及深沟球轴承 如图 3-22d 所示，这种方式使丝杠具有最大的刚度，但不能精确地预测预紧力，预紧力大小随丝杠的温度变化而变化。

五、滚珠丝杠的防护

要延长滚珠丝杠的寿命及保证传动效率和传动精度，必须对滚珠丝杠进行有效的防护和润滑。

一般采用密封圈对滚珠螺母进行密封。密封圈装在螺母两端，因为与螺母和丝杠紧密接触，所以防尘效果好，但也增加了摩擦力。要想避免产生摩擦力，可以采用非接触式密封圈。该密封圈由硬质塑料制成，其内孔和丝杠螺纹滚道的形状正好相反，安装后有一定的间隙，可以避免产生摩擦力矩，但是防尘效果差。

对于暴露在外面的丝杠，通常使用伸缩套筒（图 3-23）、螺旋钢带折叠式防护罩（图 3-24）和锥形套管（图 3-25），以防止灰尘、杂质等黏附到丝杠表面和落入滚道。这些防护罩一端连接在滚珠丝杠螺母的端面，另一端固定在滚珠丝杠的支承座上。

图 3-23 伸缩套筒

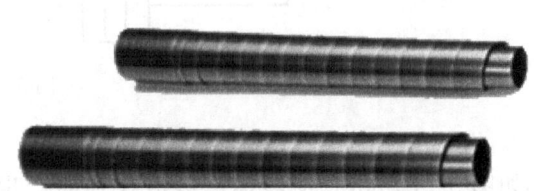

图 3-24 螺旋钢带折叠式防护罩

近年来还出现了钢带缠卷式丝杠防护装置，如图 3-26 所示。该防护装置由支承滚子、张紧轮和钢带组成，整个装置和螺母固定在拖板上。钢带两端分别固定在丝杠的表面上，钢带绕过支承滚子，通过弹簧和张紧轮张紧。当丝杠旋转时，丝杠一端的钢带以丝杠的螺距脱离丝杠，另一端以同样的螺距将钢带缠绕在丝杠上。在此过程中，因为钢带的宽度正好等于丝杠的螺距，所以丝杠的螺旋槽被密封住，保证了丝杠的密封与清洁。

图 3-25 锥形套管

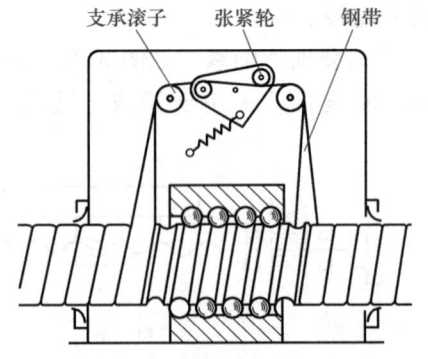

图 3-26 钢带缠卷式丝杠防护装置

 任务实施

一、工、量具准备

准备百分表及磁力表座、内六角扳手、套筒、锤子、毛刷等，如图 3-27 所示。

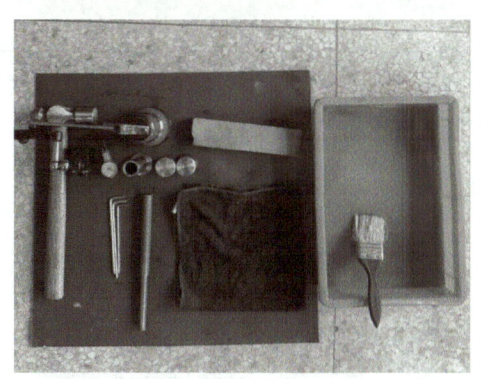

图 3-27　工、量具准备

二、滚珠丝杠的安装与调试

根据表 3-5 所列步骤进行滚珠丝杠的安装与调试。

滚珠丝杠的安装

表 3-5　滚珠丝杠的安装与调试步骤

步骤	说明	图示	注意事项
1	安装轴承座		使用内六角扳手拧紧螺钉
2	安装螺母支座		安装时注意螺纹孔朝向螺母
3	安装推力球轴承		利用套筒、锤子将轴承装入丝杠
4	装配游动端		装配时,使轴承紧贴轴承座的止口,确保安装到位

(续)

步骤	说明	图示	注意事项
5	装配固定端		装配时,应让轴承紧贴轴承孔止口,使其装配到位,然后用螺钉将电动机支座固定在机架上
6	测量丝杠上素线相对于导轨的平行度		将螺母移动到最右端,用杠杆百分表测量,测量时用手转动螺母,读取最大值并记录数值
			将螺母移动到最左端,用杠杆百分表测量,测量时用手转动螺母,读取最大值并记录。将两端数值相减,得出的差值即为上素线相对于导轨的平行度误差,其值应小于或等于0.05mm
7	测量丝杠侧素线相对于导轨的平行度		将磁性表座吸附在滑块上,测量螺母侧面,测量时用手转动螺母,读取最大值并记录
			将磁性表座和螺母移动到最右端,测量螺母侧面,测量时用手转动螺母,读取最大值并记录,将两端数值相减,得出的差值即为侧素线相对于导轨的平行度误差,其值应小于或等于0.05mm

（续）

步骤	说明	图示	注意事项
8	固定螺母支座		用内六角扳手固定螺母

操作提示

1）安装丝杠时，注意不能和其他部件相撞。
2）拆下的螺栓等，应按顺序摆放整齐。
3）在测量时，百分表测头不能和其他部件碰撞。
4）安装时注意轴承座的安装方向。

任务评价

任务完成后，对任务实施及职业素养养成情况进行综合评价，并填写表3-6。

表3-6 任务评价表

评价项目	内容	评分标准	学生评价 自评	学生评价 互评	教师评价
任务实施	安装轴承座、丝杠	正确安装轴承座、丝杠			
任务实施	测量上素线	正确测量上素线，记录数值			
任务实施	测量侧素线	正确测量侧素线，记录数值			
职业素养	安全操作	规范穿戴工作服，合理使用工、量具			
职业素养	管理规范	在任务实施过程中按照5S管理规范（整理、整顿、清洁、清扫、素养）进行操作，工、量具摆放合理，任务完成后工位保持整洁			

拓展练习

1）简述丝杠相对于导轨的平行度对加工精度的影响。
2）比较各滚珠丝杠防护装置的优缺点。

任务三　电动机与联轴器的连接与固定

 任务描述

本任务通过联轴器的连接与固定操作，学习联轴器在数控机床传动链中的作用及种类，学会正确连接电动机与联轴器。

 知识链接

一、联轴器的作用

联轴器是用来连接进给机构的两轴，使之一起回转来传递转矩和运动的一种装置。机床运转时，被连接的两轴不能分离，只有在机床停止后，将联轴器拆下，两轴才能脱离。

二、联轴器的种类

根据有无弹性元件、对各种相对位移有无补偿能力，即能否在发生相对位移的条件下保持连接功能以及用途，可将联轴器分为刚性联轴器和弹性联轴器。

1. 刚性联轴器

刚性联轴器只能传递运动和转矩，不具备其他功能，包括凸缘联轴器、套筒联轴器、夹壳联轴器等类型。

（1）凸缘联轴器　如图 3-28 所示，凸缘联轴器是利用螺栓连接两凸缘盘式半联轴器，两半联轴器分别用键与两轴连接，以实现两轴连接，传递转矩和运动。凸缘联轴器的特点是结构简单，制造方便，成本较低，工作可靠，装拆、维护均较方便，一般常用于载荷平稳、高速或传动精度要求较高的轴系传动。凸缘联轴器工作时如果不能保证被连接两轴的对中精度，将会降低联轴器的使用寿命，并引起振动和噪声。

（2）套筒联轴器　如图 3-29 所示，套筒联轴器是利用公用套筒，并通过键、花键或者锥销等刚性连接件，来实现两轴的连接的。套筒联轴器的特点是结构简单，制造方便，成本较低，径向尺寸小，但装拆不方便，适用于低速、轻载、无冲击载荷的场合。

（3）夹壳联轴器　如图 3-30 所示，夹壳联轴器是利用两个沿轴向剖分的夹壳，以螺栓拧紧固定的方式来实现两轴连接的联轴器，依靠键以及夹壳与轴之间的摩擦力来传递转矩。夹壳联轴器的特点是无需沿轴向移动即可拆卸，其外形复杂且不易平衡，适用于低速传动轴、垂直传动轴的连接。

图 3-28　凸缘联轴器　　　　图 3-29　套筒联轴器　　　　图 3-30　夹壳联轴器

2. 弹性联轴器

弹性联轴器有很好的缓冲性、减振性，承载力适中，更重要的是弹性联轴器能够允许主动轴和从动轴之间存在一定的安装误差。弹性联轴器根据结构不同分为齿式联轴器、滑块联轴器、膜片联轴器等。

（1）齿式联轴器　如图 3-31 所示，齿式联轴器径向尺寸小，通过内、外齿轮啮合传递转矩，承载能力大，适用于低速、重载工况下的轴系传动。

（2）滑块联轴器　如图 3-32 所示，滑块联轴器利用中间的滑块在其两侧半联轴器端面的相应径向槽内滑动，实现两半联轴器的连接。滑块联轴器安装方便，轴径尺寸范围广，允许有角度偏差，适用于转速低的场合。

（3）膜片联轴器　如图 3-33 所示，膜片联轴器由几组膜片用螺栓交错地与两半联轴器连接，每组膜片由数片叠加而成。膜片联轴器靠膜片的弹性变形来补偿所联接两轴的相对位移，是一种高性能的

图 3-31　齿式联轴器

图 3-32　滑块联轴器

图 3-33　膜片联轴器

金属挠性联轴器。其特点是不用润滑，结构较紧凑，强度高，使用寿命长，无旋转间隙，不受温度和油污影响，具有耐酸、耐碱、耐腐蚀的特点，适用于高温、高速、有腐蚀介质工况下的轴系传动。

任务实施

1. 工具准备

准备内六角扳手、煤油、抹布、毛刷等，如图 3-34 所示。

2. 安装联轴器

按照表 3-7 所列步骤，安装弹性联轴器。

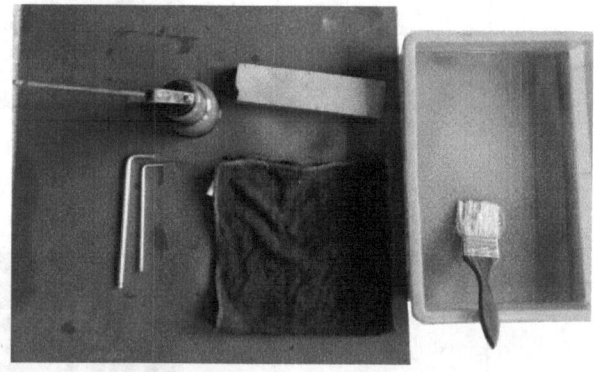

图 3-34　工具准备

表 3-7　弹性联轴器的安装步骤

步骤	说明	图示	注意事项
1	清洗联轴器		将联轴器放入煤油中进行清洗，用干净的抹布擦净

（续）

步骤	说明	图示	注意事项
2	连接联轴器与丝杠		连接联轴器与丝杠，预紧联轴器上的螺钉
3	安装电动机	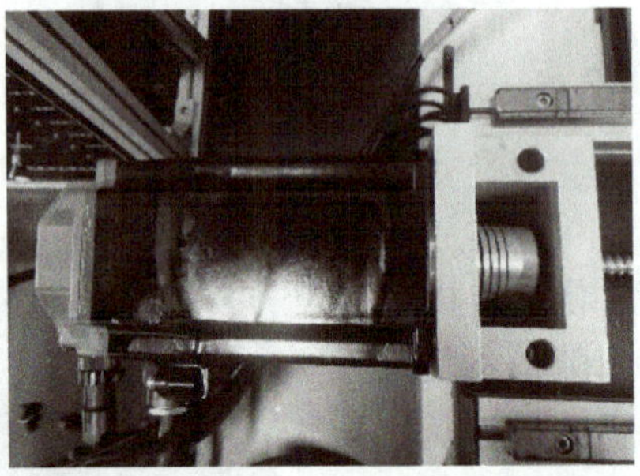	将电动机安装在电动机支座上，拧紧螺钉
4	拧紧紧固螺钉		拧紧联轴器上的螺钉，完成安装

操作提示

1）正确使用工具，工具摆放应整齐、规范。
2）按照操作步骤进行安装，安装完成后清洁工作台面。

任务评价

任务完成后，对任务实施及职业素养养成情况进行综合评价，并填写表3-8。

表 3-8 任务评价表

评价项目	内容	评分标准	学生评价		教师评价
			自评	互评	
任务实施	联轴器的清洗	正确清洗联轴器及相关零部件			
	联轴器的安装	安装顺序正确,部件安装牢固			
职业素养	安全操作	规范穿戴工作服,合理使用工具			
	管理规范	在任务实施过程中按照 5S 管理规范（整理、整顿、清洁、清扫、素养）进行操作,工具摆放合理,任务完成后工位保持整洁			

拓展练习

1）联轴器安装不正确对传动系统会产生什么样的影响？

2）联轴器紧固螺钉未拧紧会产生什么现象？

项目四

数控车床四方回转刀架部件的拆装与调试

项目导入

本任务通过数控车床四方回转刀架部件的拆装与调试训练，学习数控车床四方回转刀架的结构，认识各组成部分及其功用，进而能在大脑中形成换刀的整个过程。刀架主要用于安装和夹持刀具，其结构稳定性和刚性直接影响机床的切削性能和切削效率。刀架也是故障多发部位，因此这一部分的拆装与调试是维修人员必须掌握的技术。

设备介绍

YL-558型数控车床实习训练设备由电气系统、机械十字滑台、刀架等组成。该设备配置的刀架为四工位电动刀架，是目前数控车床用主流刀架类型。

教学目标

知识目标

1) 熟悉回转刀架的机械结构，能看懂图样。
2) 掌握回转刀架的转位过程。
3) 掌握回转刀架的拆卸过程和装配过程。
4) 学会回转刀架的调整方法。
5) 了解回转刀架的日常维护与保养方法。

技能目标

1) 按照操作规范进行刀架的装配与调整。
2) 能对刀架进行日常维护与保养。

素养目标

1) 在装配与调整回转刀架的过程中，养成良好的操作习惯，培养严谨细致、精益求精的工匠精神。
2) 根据技能竞赛的要求，在清洗零件时应注意不要溅出液体，动作要稳，洗后将零件擦干，再涂润滑脂，养成爱护零部件、认真操作的习惯。

任务一　数控车床四方回转刀架机械结构的拆装与调试

任务描述

本任务通过数控车床四方回转刀架机械结构的拆卸和装配，学习数控车床四方回转刀架的结构、换刀过程，进而能够进行刀架的日常维护与保养；通过四方回转刀架的拆卸与装配，学会安装轴承及连接座，会安装电动机线路并调试刀架电动机与刀架传动轴的位置。

知识链接

一、典型刀架的分类

数控车床使用的是刀架是最简单的自动换刀装置，按照结构形式划分，可分为转盘式刀架、转塔式刀架和排刀式刀架等，如图 4-1～图 4-3 所示。按照驱动形式划分，分为液压驱动刀架和电动刀架两种。

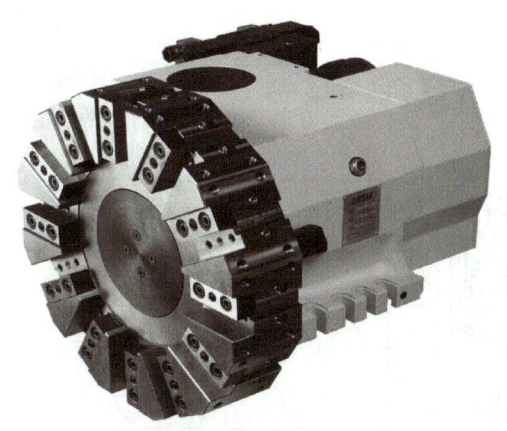

图 4-1　液压驱动转盘式刀架

图 4-2　四工位转塔式（四方回转）刀架

目前，国内数控车床刀架以电动机驱动为主，分为转塔式刀架和转盘式刀架两种。转塔式刀架有四、六工位两种形式，主要用于简易数控车床，其中四工位转塔式刀架又称四方回转刀架。转盘式刀架有八、十工位等，可正、反方向旋转，就近选刀，用于全功能数控车床。转盘式刀架还有液压驱动刀架和电动刀架。电动刀架是数控车床重要的传统结构，合理地选配电动刀架，并正确实施控制，能有效提高劳动生产率，缩短生产准备时间，消除人为误差，提高加工精度与加工精度的一致性等。

二、四方回转刀架的结构

图 4-4 所示为一种螺旋升降立式四方回转刀架的结构简图，其回转轴与机床主轴垂直布置，结构简单，经济型数控车床多采用这种刀架。四方回转刀架上回转头各刀座用于安装各种不同用途的刀具，通过回转头的旋转、分度和定位，实现机床的自动换刀。

图 4-3　排刀式刀架

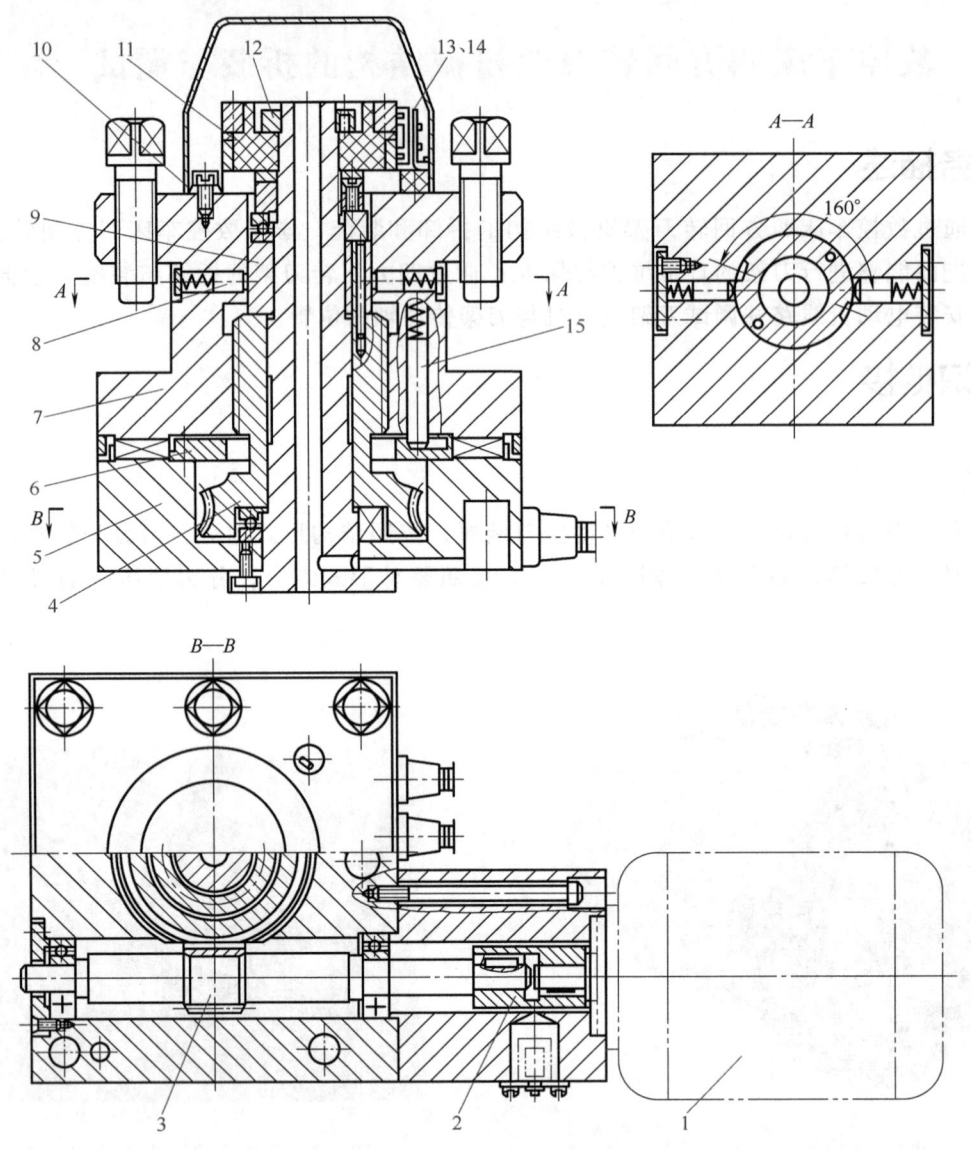

图 4-4 四方回转刀架结构简图

1—电动机 2—套筒联轴器 3—蜗杆轴 4—蜗轮丝杠 5—刀架底座 6—粗定位盘 7—刀架体 8—球头销
9—转位套 10—电刷座 11—发信体 12—螺母 13、14—电刷 15—粗定位销

三、四方回转刀架换刀过程

四方回转刀架的换刀流程如图 4-5 所示。

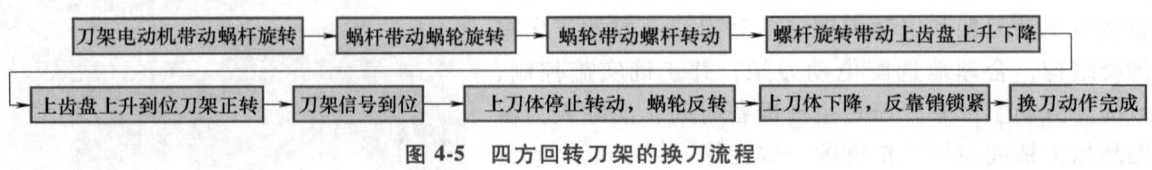

图 4-5 四方回转刀架的换刀流程

具体换刀过程如下：

(1) 刀架抬起　当数控装置发出换刀指令后，电动机 1 起动正转→蜗杆轴 3 运转（1 和 3 通过平键和套筒联轴器 2 连接）→蜗轮丝杠 4（蜗轮与丝杠为整体结构）运转→刀架体 7 抬起（刀架体的内孔加工有螺纹，与丝杠连接。当蜗轮开始运转时，由于刀架底座 5 和刀架体上的端面齿处在啮合状态，且蜗轮丝杠轴向固定，基于"螺杆原地回转、螺母移动"的原理，刀架体向上移动）。

（2）刀架转位　当刀架体抬起一定距离后，端面齿脱开，转位套 9 通过销与蜗轮丝杠 4 连接，随着蜗轮丝杠一起运转，当端面齿完全脱开时，转位套正好转过 160°，球头销 8 在弹簧力的作用下进入转位套的槽中，带动刀架体转位。

（3）刀架定位　刀架体 7 运转时带动电刷座 10 运转，当转到程序指定的刀号时，粗定位销 15 在弹簧力的作用下进入粗定位盘 6 的槽中进行粗定位，同时，电刷 13 接触导电体使电动机 1 反转。由于粗定位槽的限制，刀架体 7 不能运转，使其在该位置垂直落下，刀架体和刀架底座上的端面齿啮合，实现精确定位。

（4）夹紧刀架　电动机继续反转，此时蜗轮停止转动，蜗杆轴 3 自转，当两端面齿产生一定的夹紧力时，电动机停止转动。

任务实施

一、工、量具准备

准备铜棒、螺钉旋具、橡皮锤、百分表、套筒扳手、活扳手、内六角扳手等。

二、四方回转刀架的拆卸及装配

本任务在 YL-558 型数控车床实习训练设备上实施。

1. 四方回转刀架的拆卸

按照表 4-1 所列步骤完成刀架拆卸。

回转刀架的拆卸

表 4-1　四方回转刀架的拆卸过程

步骤	说明	图示
1	拆上防护盖	
2	拆发信盘连接线	
3	拆发信盘锁紧螺母	

（续）

步骤	说明	图示
4	拆磁钢	
5	拆转位盘锁紧部件	
6	拆转位盘	
7	拆刀架体	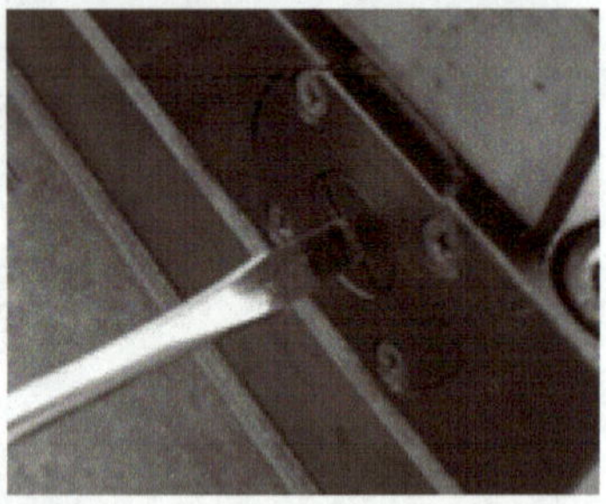
8	旋出刀架体	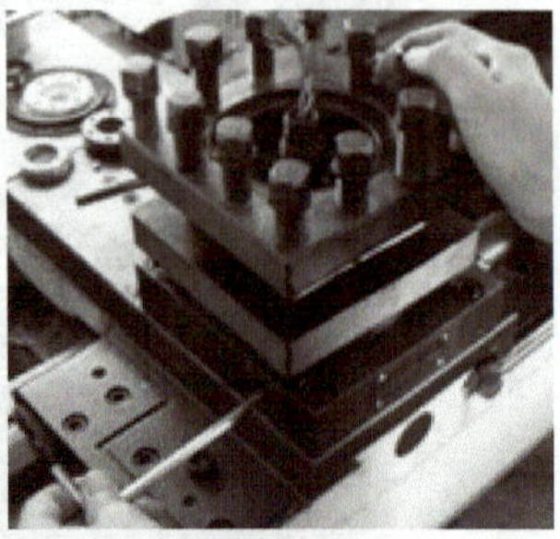 

(续)

步骤	说明	图示
9	拆粗定位盘	
10	拆刀架底座	
11	拆刀架轴和蜗轮丝杠	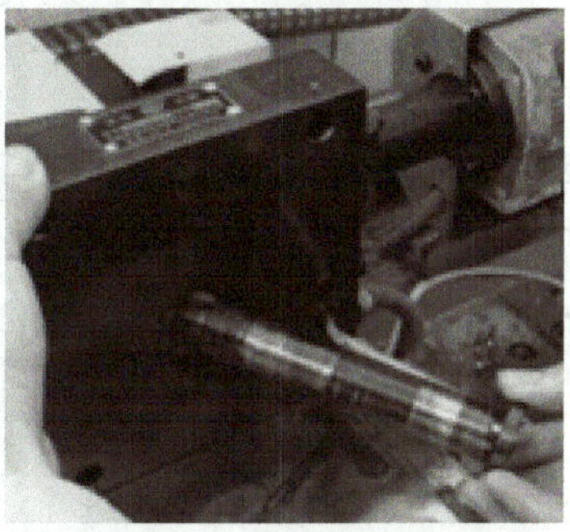
12	拆分丝杠、蜗轮	

> **操作提示**
>
> 在刀架的拆卸过程中，应将各零部件集中放置，特别要注意细小零件的存放，避免遗失。

2. 四方回转刀架的装配

装配是拆卸的逆过程，装配时根据图4-4，把各零件装配起来，实现刀架的转位功能，具体步骤如下。

1) 清洗各部件，并在旋转部位涂黄油，端齿部位及下刀体旋转面加注机油。
2) 从下刀体底部装入蜗轮、推力轴承垫圈、推力滚针轴承、主轴。
3) 从上面安装螺杆，螺杆下部的两凸台安装在蜗轮的两槽中。
4) 将两反靠销涂上黄油后插入螺母的两个孔中，将上刀体、外端齿、螺母旋入螺杆至螺杆超出螺母1~2mm，从螺母上面将弹簧和离合销分别装入两反靠销孔中。装上离合盘（离合盘与螺杆连接的圆

回转刀架的安装

柱销孔是不对称的，应注意安装位置），转动上刀体，使离合销插入离合盘槽中。

5）安装轴承、键、止退圈、大螺母（大螺母的紧松以在刀架松开状态下旋紧大螺母后再反向松开30°~40°为宜）。

6）手动旋转蜗杆轴端的内六角，使每个刀位都能正常锁紧、松开、转位。（如果刀架转到位后锁不下去，可能是由于蜗轮、轴承、主轴的尺寸有累积误差，从而影响离合销、反靠销的总长，可通过适当缩短离合销的长度来解决。如果刀架锁紧时错位，可能是离合销和反靠销加起来的总长短了，可增加离合销的长度。离合销与反靠销的总长以在刀架锁紧时，比反靠销在反靠盘槽中、离合销在离合盘的下平面的长度短0.1~0.15mm为宜。）

7）拧紧大螺母上的防松螺钉。

8）安装发信盘，接上信号线（注意：发信盘的霍尔元件位置基本与磁钢对齐，红线接"+"，绿线接"-"，然后根据刀位号按顺时针方向将黄线、橙线、蓝线、白线连接到发信盘上）。

9）将刀架安装在机床上，通电试运行，看是否正常。

三、四方回转刀架的日常维护

刀架的维护与维修一定要紧密结合起来，维修中容易出现故障的位置，要重点维护。关于刀架的维护，主要包括以下几个方面。

1）每次下班前清扫散落在刀架表面上的灰尘和切屑。

2）每天检查并及时清理刀架体上的异物，如图4-6所示。防止其进入刀架内部，保证刀架换位顺畅无阻，有利于保持刀架回转精度；及时拆开清洁刀架内部机械接合处，否则容易产生故障，如内齿盘上有碎屑会造成夹紧不牢或导致加工尺寸有变化。每三个月对电动刀架进行清洁处理，包括拆开电动刀架、定位齿盘进行清扫。

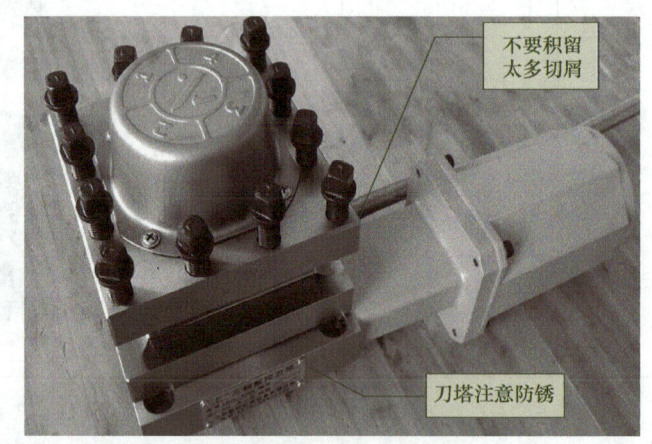

图4-6 清理刀架体上的异物

3）减少刀架被间断撞击（断续切削）的机会，保持良好的操作习惯，严防刀架与卡盘、尾座等部件碰撞。

4）保持刀架润滑良好，定期检查刀架内部润滑情况。如果润滑不良，易造成旋转件卡死，导致刀架不能转动，如图4-7所示。

图4-7 刀架内部润滑

项目四　数控车床四方回转刀架部件的拆装与调试

5）尽可能减少腐蚀性液体的喷溅,无法避免时,应及时擦拭并涂油。

6）刀架预紧力的大小要适度,过大会导致刀架不能转动。

7）经常检查并紧固连线、传感器元件盘（发信盘）、磁铁,注意发信盘螺母连接是否紧固,如松动易引起刀架越位（过冲）或转不到位。

8）定期检查刀架内部机械配合是否松动,如松动容易造成刀架不能正常夹紧。

9）定期检查刀架内部的反靠定位销、弹簧、后靠棘轮等是否起作用,以免造成机械卡死。

任务评价

任务完成后,对任务实施及职业素养养成情况进行综合评价,并填写表4-2。

表 4-2　任务评价表

评价项目	内容	评分标准	学生评价		教师评价
			自评	互评	
任务实施	拆卸	正确进行刀架的拆卸			
	装配	正确进行刀架的装配			
	通电试运行	每个刀位能正常锁紧、松开、转位			
职业素养	安全操作	规范穿戴工作服,合理使用拆装工具			
	管理规范	在任务实施过程中按照5S管理规范（整理、整顿、清洁、清扫、素养）进行操作,工、量具摆放合理,任务完成后工位保持整洁			

拓展练习

1）自动换刀装置的形式有哪几种?各有什么特点?各应用在哪些场合?

2）回转刀架的换刀过程主要包括哪四个动作?

任务二　四方回转刀架内部换刀机构的安装与调试

任务描述

本任务通过四方回转刀架内部换刀机构的安装与调试操作,学习回转刀架各部件的安装顺序及位置关系;掌握离合盘与离合销的调整要点,能安装螺母、止退圈、键、轴承,能安装离合盘、离合销、弹簧、反靠销等部件;重点学习霍尔元件的工作原理,能调整刀架位置。

知识链接

一、霍尔元件的工作原理

霍尔元件是应用霍尔效应工作的半导体。所谓霍尔效应,是指磁场作用于载流金属导体、半导体中的载流子时,产生横向电位差的物理现象。霍尔效应是1879年由美国物理学家霍尔首先在金属材料中发现的。当电流通过金属箔片时,若在垂直于电流的方向施加磁场,则金属箔片两侧面会出现横向电位差。半导体中的霍尔效应比金属箔片中更为明显,而铁磁金属在居里温度以下将呈现极强的霍尔效应。

利用霍尔效应可以设计制成多种霍尔元件,如图4-8所示。

由于通电导线周围存在磁场，其大小与导线中的电流成正比，故可以利用霍尔元件测量出磁场，从而确定导线中电流的大小。利用这一原理可以设计制成霍尔电流传感器。其优点是不与被测电路发生电接触，不影响被测电路，不消耗被测电源的功率，特别适合于大电流传感器。

若把霍尔元件置于电场强度为 E、磁场强度为 H 的电磁场中，则在该元件中将产生电流 I，元件上同时产生的霍尔电位差与电场强度 E 成正比，如果再测出该电磁场的磁场强度，则电磁场的功率密度瞬时值 P 可由 $P=EH$ 确定。

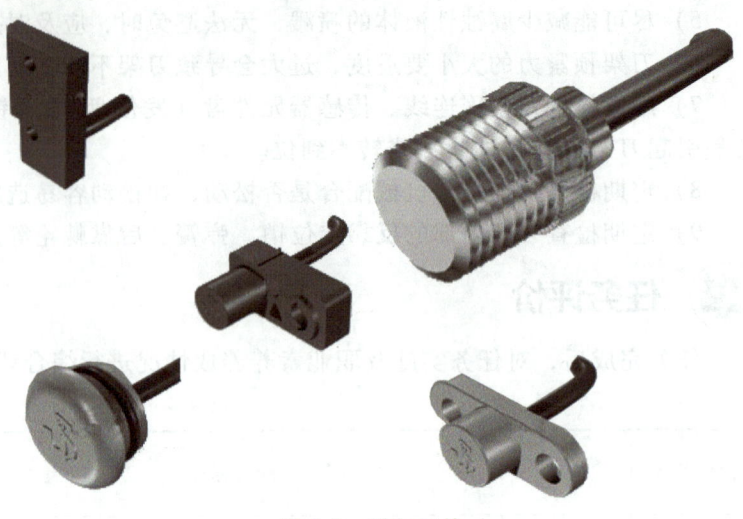

图 4-8 霍尔元件

利用这种方法可以制成霍尔功率传感器。

如果把由霍尔元件集成的开关按预定位置有规律地布置在物体上，当装在运动物体上的永磁体经过它时，可以从测量电路上测得脉冲信号。根据脉冲信号可以计算出该运动物体的位移。若测出单位时间内发出的脉冲数，则可以确定其运动速度。

二、霍尔元件在刀架中的运用

精度是一台数控机床的关键指标，假如机床丧失了精度也就丧失了加工生产的意义，而数控机床精度的保障很大一部分源于霍尔元件的检测精准性。

在数控机床上常用的是霍尔接近开关，是一种磁敏元件。霍尔开关是用霍尔元件做成的开关。当磁性物件移近霍尔开关时，开关检测面上的霍尔元件因产生霍尔效应而使开关内部电路状态发生变化，由此可识别附近有磁性物体存在，进而控制开关的通或断。霍尔接近开关的检测对象必须是磁性物体。

刀架工作时，用霍尔元件检测刀位，如图 4-9 所示。刀架收到换刀信号后，换刀开关接通，电动机通过驱动放大器正转，刀架抬起，电动机继续正转，刀架转过一个工位，霍尔元件检测是否为所需刀位，若是，则电动机停转延时再反转刀架下降压紧；若不是，电动机继续正转，刀架继续转位，直至所需刀位。

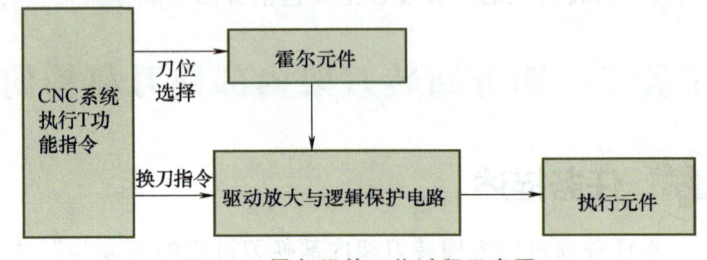

图 4-9 霍尔元件工作过程示意图

由图 4-9 可以看出霍尔元件在数控机床中的重要作用。它不但起到了检测与反馈作用，而且是数控机床精度可靠性的保障。

任务实施

一、工、量具准备

准备铜棒、螺钉旋具、铁锤、百分表、套筒扳手、活扳手、内六角扳手等。

二、四方回转刀架内部换刀机构的安装

按表 4-3 所列步骤进行四方回转刀架内部换刀机构的安装。

项目四　数控车床四方回转刀架部件的拆装与调试

表 4-3　四方回转刀架内部换刀机构的安装

步骤	说明	图示	操作要点
1	清洗	 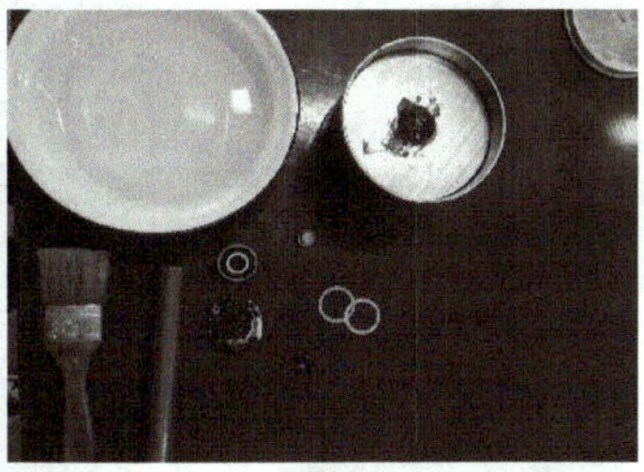	安装前，用柴油清洗所有待安装的零部件
2	安装轴承	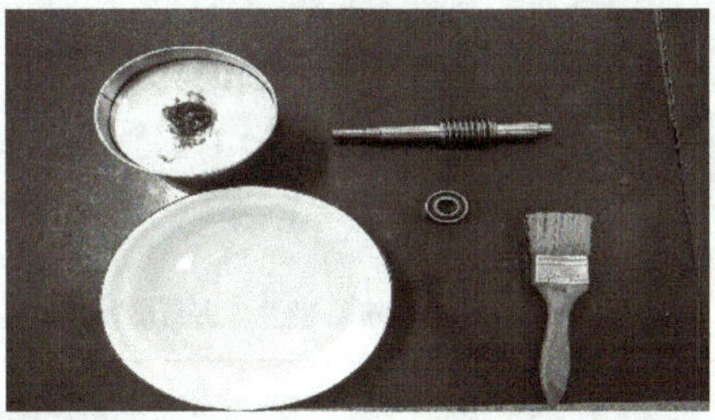	将轴承安装到蜗杆上，注意朝向，安装时要涂润滑脂
3	安装联轴器，固定电动机座	 	先安装平键，然后安装好联轴器，用内六角螺钉固定好电动机座
4	安装另一个蜗杆轴承	 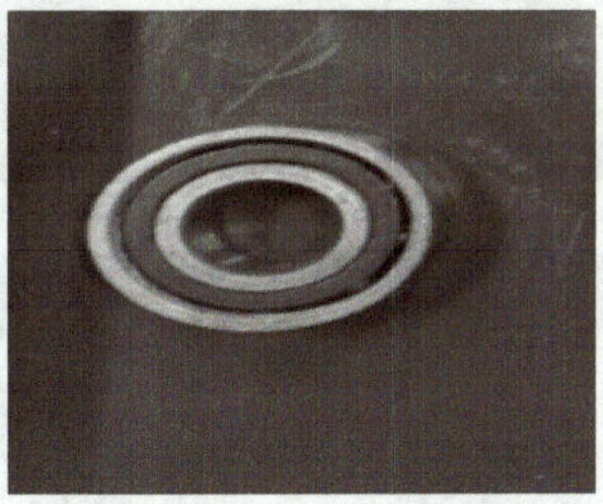	用铜棒敲紧，测量轴承与端盖间的间隙，选取合适的垫片
5	安装端盖	 	将端盖固定好

57

（续）

步骤	说明	图示	操作要点
6	安装端面轴承		将端面轴承安装到蜗轮上
7	安装蜗轮		  将蜗轮安装到下刀体上，与蜗杆配合
8	安装中心轴		  选取合适的垫片，用螺钉固定中心轴
9	连接信号线		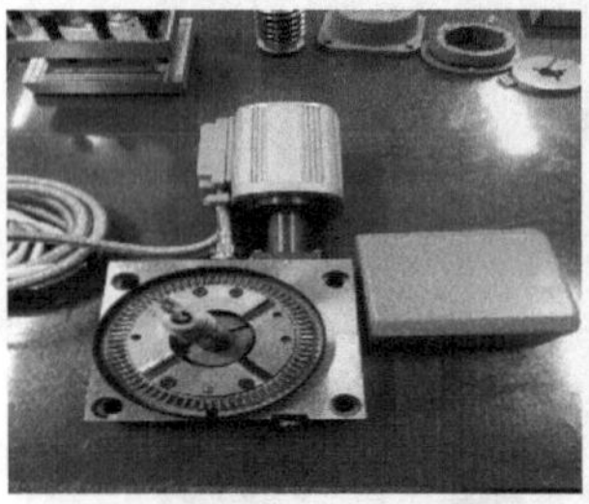 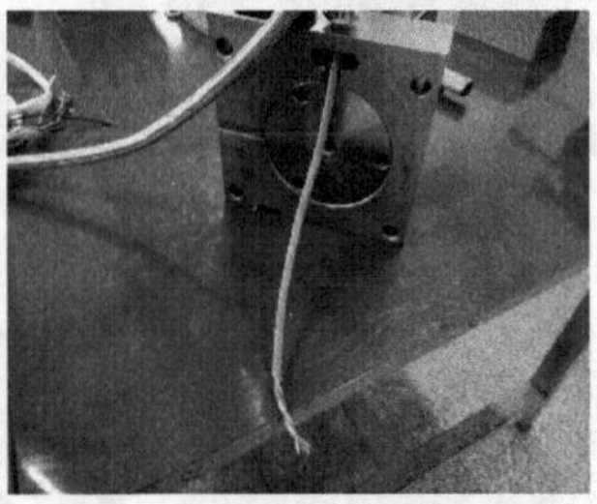 将信号线穿过电动机座并穿过中心轴
10	安装电动机罩		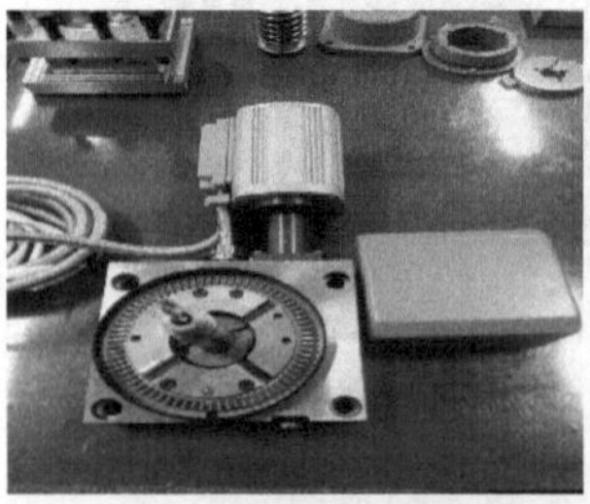  固定电动机罩
11	安装丝杠		  将丝杠安装到下刀体上

项目四　数控车床四方回转刀架部件的拆装与调试

（续）

步骤	说明	图示	操作要点
12	安装上刀体及定位销	 	注意安装位置，将上刀体沿着丝杠旋转到底
13	安装离合盘和离合销	 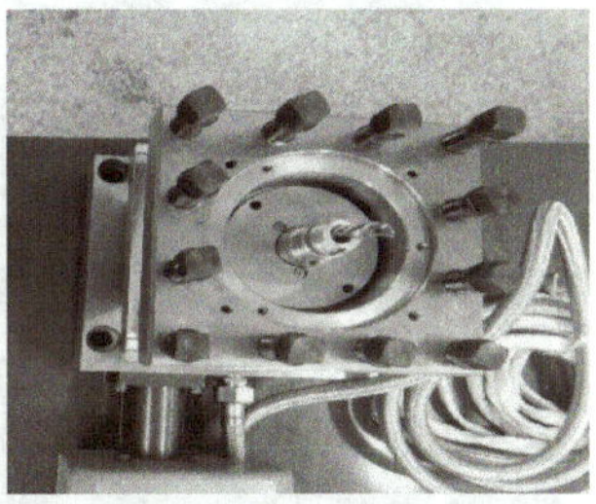	先安装好3个离合销，再将离合盘依据离合销的位置安装好
14	安装端面轴承		注意轴承的正反
15	安装止推垫圈	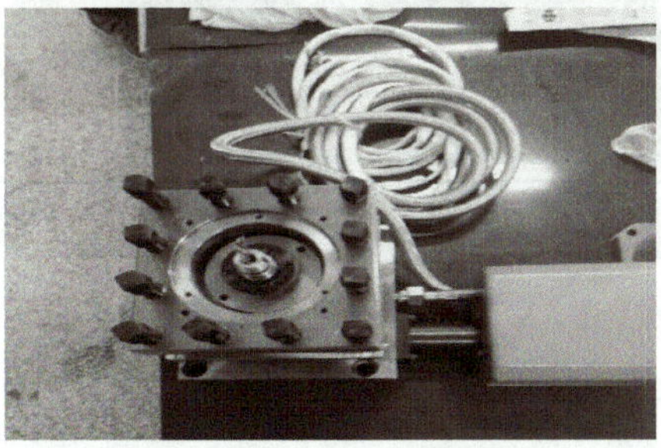	将平键安装好，再根据平键的位置安装好止推垫圈
16	安装大螺母		将大螺母旋紧并用螺钉固定好

（续）

步骤	说明	图示	操作要点
17	安装霍尔元件		安装时注意对准凹槽
18	安装小螺母		将小螺母旋紧
19	安装磁钢定位盘		用螺钉将磁钢定位盘固定好
20	安装刀架防护盖	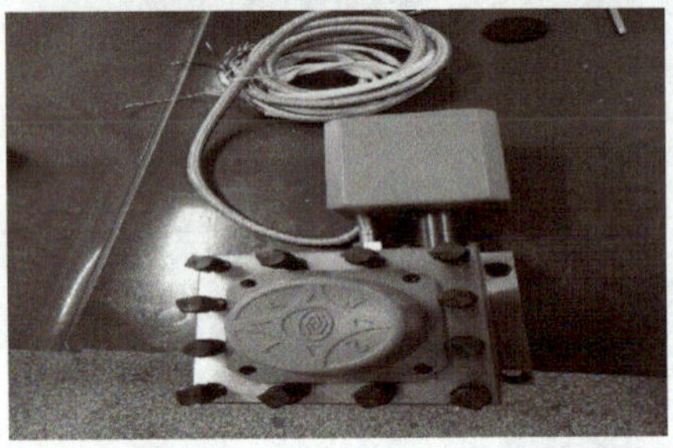	

三、刀架的调试

1. 刀架不能转动的原因及调试方法

（1）机械方面

1）刀架预紧力过大。当用六角扳手插入蜗杆端部旋转时不易转动，用力时可以转动，但下次夹紧后刀架仍不能转动。此种现象出现，可确定刀架不能转动的原因是预紧力过大，调小刀架电动机夹紧电流即可。

2）刀架内部机械卡死。当从蜗杆端部转动蜗杆时，顺时针方向转不动，其原因是机械卡死。首先，检查夹紧装置反靠定位销是否在反靠棘轮槽内，若在，则需将反靠棘轮与螺杆连接销孔回转一个角度，重新打孔连接；其次，检查主轴螺母是否锁死，如螺母锁死，应重新调整；再次，可能是润滑不良造成旋转件卡死，此时应拆开观察实际情况，加以润滑处理。

（2）电气方面

1）电源不通、电动机不转。检查熔丝熔芯是否完好，电源开关是否接通，开关位置是否正确；用万用表测量电容，电压值是否在规定范围内。可通过更换熔丝、调整开关位置、使接通部位接触良好等措施来排除。除此以外，电源不通还可考虑刀架与控制器之间、刀架内部有无断线，是否为电刷式霍尔元件位置变化导致不能正常通断等情况。

2) 电源通，电动机反转。可确定为电动机相序接反，应通过检查线路，变换相序来排除。

3) 手动换刀正常、计算机控制不换刀。此时应重点检查计算机与刀架控制器引线、计算机 I/O 接口及刀架到位回答信号。

2. 刀架连续运转、到位不停的原因及调试方法

由于刀架能够连续运转，所以其机械方面出现故障的可能性较小，主要从电气方面进行检查。

检查刀架到位信号是否发出，若没有到位信号，则是发信盘故障。此时可检查：发信盘弹性片触点是否磨坏、发信盘地线是否断路或接触不良或漏接，是否需要更换弹性片触点或对其进行修整，针对线路中继电器的接触情况、到位开关的接触情况、线路连接情况，相应地进行线路故障排除。

当仅出现某个刀位不能定位的情况时，一般是由于该刀位信号线断路所致，接通线路即可。

3. 刀架越位（过冲）和转不到位的原因及调试方法

1) 刀架越位故障的机械原因可能性较大，主要是后靠装置不起作用。应检查后靠定位销是否灵活，弹簧是否疲劳，针对情况修复定位销，使其灵活或更换弹簧。

检查后靠棘轮与蜗杆连接是否断开，若断开，需更换连接销；若仍出现越位现象，则可能是刀具太长、过重，应更换弹性模量稍大的定位销弹簧。

2) 刀架运转不到位（有时中途突然停留）主要是由于发信盘触点与弹性片触点错位，即刀位信号胶木盘位置的固定偏移所致。此时，应重新调整发信盘与弹性片触点的位置并固定牢靠。

4. 刀架不能正常夹紧的原因及调试方法

出现该故障时，可根据以下方法进行故障排除。

1) 检查夹紧开关位置是否固定不当，并调整至正常位置。

2) 用万用表检查相应线路继电器是否能正常工作，触点接触是否可靠。若仍不能排除故障，则应考虑刀架内部机械配合是否松动。有时会出现由于内齿盘上有碎屑造成夹紧不牢而使定位不准的情况，此时应调整内部机械配合并清洁内齿盘。

 ## 任务评价

任务完成后，对任务实施及职业素养养成情况进行综合评价，并填写表 4-4。

表 4-4 任务评价表

评价项目	内容	评分标准	学生评价		教师评价
			自评	互评	
任务实施	清洗	正确清洗刀架内部换刀机构的零部件			
	装配	正确进行刀架内部换刀机构的组装与调整			
	刀架试运行	每个刀位能正常锁紧、松开、转位			
职业素养	安全操作	规范穿戴工作服，合理使用工具			
	管理规范	在任务实施过程中按照 5S 管理规范（整理、整顿、清洁、清扫、素养）进行操作，工具摆放合理，任务完成后工位保持整洁			

 ## 拓展练习

1) 刀架定位精度不准确的原因是什么？

2) 刀架越位或转不到位故障应如何排除？

项目五

数控车床卡盘和尾座的拆装与调试

项目导入

本项目通过数控车床卡盘的安装与拆卸，学习卡盘的机械结构和运动过程，理解卡盘的作用；通过数控车床尾座的拆装与调试，学习数控车床尾座的结构和工作原理，理解尾座的两个作用。

设备介绍

CK6136型数控车床实习训练设备由电气系统、机械传动系统、数控系统、刀架、尾座等组成。

教学目标

知识目标

1）熟悉数控车床卡盘的基本结构与常见种类。
2）掌握数控车床尾座的结构及工作原理。
3）学会数控车床卡盘和尾座的日常维护与保养方法。

技能目标

1）按照操作规范进行数控车床卡盘的拆卸与安装，达到技术要求。
2）按照操作规范进行数控车床尾座的拆装与调试，达到技术要求。

素养目标

1）爱护工具、量具和设备，培养节约生产成本的好品质，弘扬勤俭节约精神。
2）培养团队合作习惯，培养在学习中敢担当、能吃苦的好品质。

任务一　数控车床卡盘的安装与拆卸

任务描述

本任务通过卡盘的拆装，学习卡盘的结构和工作过程，能够按顺序正确安装卡爪，进而进行卡盘的日常维护与保养。

项目五 数控车床卡盘和尾座的拆装与调试

知识链接

一、卡盘的分类

一般数控车床用卡盘按驱动卡爪所用动力不同,分为手动卡盘和动力卡盘两种。

手动卡盘为通用附件,常用的有自定心卡盘和单动卡盘。

动力卡盘多为自定心卡盘,配以不同的动力装置(气缸、液压缸或电动机),便可组成气动卡盘、液压卡盘或电动卡盘。

1. 自定心卡盘

自定心卡盘一般由卡盘体、卡爪驱动机构和活动卡爪三部分组成,如图 5-1 所示。卡盘体直径最小为 65mm,最大可达 1500mm,中央有通孔,以便通过工件或棒料;背部有圆柱形或短锥形结构,直接或通过法兰盘与机床主轴端部相连接。自定心卡盘工作时由小锥齿轮驱动大锥齿轮(大锥齿轮的背面制有阿基米德螺旋槽,与三个卡爪相啮合),用扳手转动小锥齿轮,便能通过大锥齿轮带动三个卡爪同时沿径向移动,实现自动定心和夹紧,适用于夹持圆形、正三角形或正六边形等工件。

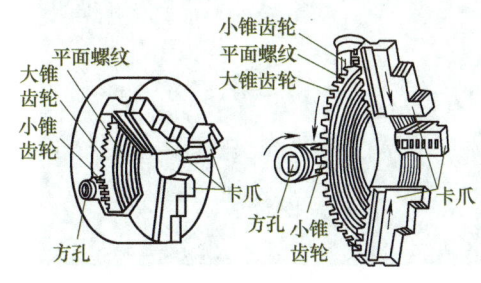  

图 5-1 自定心卡盘的结构图及实物图

卡爪上有数字编号 1、2、3,安装卡爪时必须按 1、2、3 的顺序安装。如果卡爪上的编号不清晰,可将卡爪并列在一起,如图 5-2 所示,比较每个卡爪上第一道螺纹与卡爪夹持部位距离的大小,距离小的为 1 号卡爪,距离大的为 3 号卡爪。卡爪分为正卡爪和反卡爪,图 5-3 所示为自定心卡盘正卡爪,图 5-4 所示为自定心卡盘反卡爪。正卡爪夹持棒料如图 5-5 所示,反卡爪夹持大棒料如图 5-6 所示。

图 5-2 卡爪的判别　　　　　　　　图 5-3 自定心卡盘正卡爪

图 5-4 自定心卡盘反卡爪

图 5-5 正卡爪夹持棒料

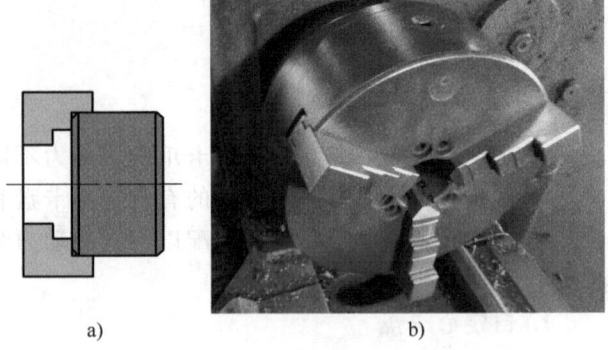
图 5-6 反卡爪夹持大棒料

2. 单动卡盘

单动卡盘每个卡爪的底面有内螺纹与螺杆连接，用扳手转动各个螺杆便能分别使相连的卡爪做径向移动，适用于夹持四方形或不对称形状的工件。图 5-7 所示为单动卡盘实物图，图 5-8 所示为其结构简图和装夹工件示意图。单动卡盘可以夹紧方形及异形工件，可以方便地调整中心，其主要特点有以下几个方面。

1) 单动卡盘有四个各自独立运动的卡爪 1、2、3、4 （图 5-9），它们不能像自定心卡盘的卡爪那样同时一起做径向移动。四个卡爪的背面都有半圆弧形螺纹与丝杠啮合，在每个丝杠的顶端都有方孔，用来插卡盘扳手的方榫。转动卡盘扳手，便可通过丝杠带动卡爪单独移动，以适应所夹持工件大小的需要。通过四个卡爪的配合，可将工件装夹在卡盘中。

图 5-7 单动卡盘实物图

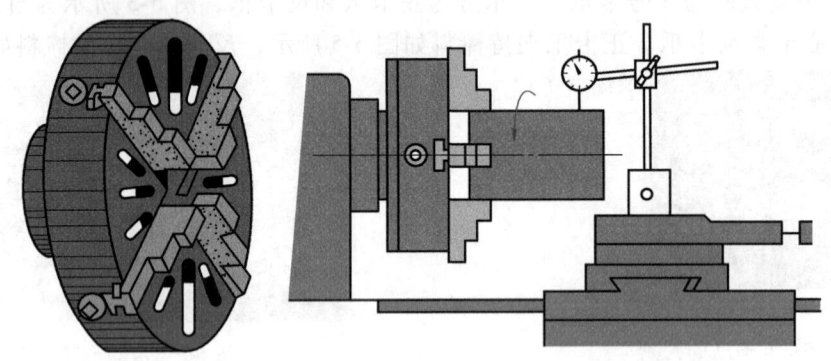
图 5-8 单动卡盘结构简图和装夹工件示意图

2) 单动卡盘的优点是夹紧力大，装夹牢固，可以装夹外形复杂、自定心卡盘无法装夹的工件，还可以使工件的轴线移动，使之与车床主轴轴线重合，若通过百分表找正，可以达到很高的位置精度。其缺点是工件找正、装夹较麻烦，对操作人员的技术水平要求较高。

3) 适用于单动卡盘装夹加工的工件类型如下。

① 外形复杂、非圆柱体、自定心卡盘无法装夹的工件，如车床的小滑板、方刀架等。

② 加工数量少、偏心距小、长度较短的偏心类零件，如偏心轴、偏心套等。

③ 有孔距要求的零件，但这种零件的孔间距不能太大，否则单动卡盘不便夹紧。

④ 位置精度及尺寸精度要求高的零件，如十字孔零件。

3. 液压卡盘

数控车床用的液压卡盘用于夹持加工零件，主要由固定在主轴后端的液压缸和固定在主轴前端的卡盘两部分组成，其夹紧力大小通过调整液压系统的压力进行控制，具有结构紧凑、动作灵敏、能实现较大夹紧力的特点。

图 5-10 所示为数控车床上采用的一种液压卡盘，卡盘体 9 用螺钉 10 安装在主轴前端，回转液压缸 1 安装在主轴后端。卡盘的松开过程是：液压缸 1 内的压力油推动活塞和空心拉杆向卡盘的方向移动（图示为向右移动），驱动滑套 4 向右移动，然后通过卡爪座 11 带着卡爪 12 沿径向移动，在滑套上楔形槽的导向作用下，使卡盘松开。反之，当活塞和拉杆向主轴后端移动（即图示为向左移动）时，卡盘夹紧。

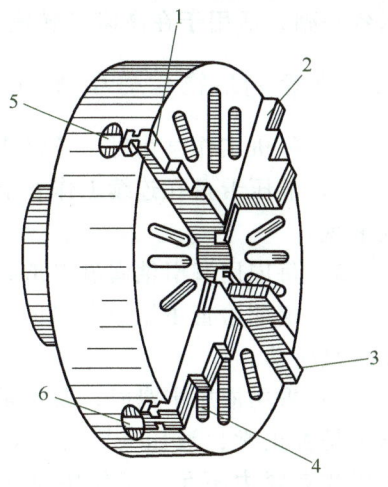

图 5-9　单动卡盘
1、2、3、4—卡爪　5、6—方孔

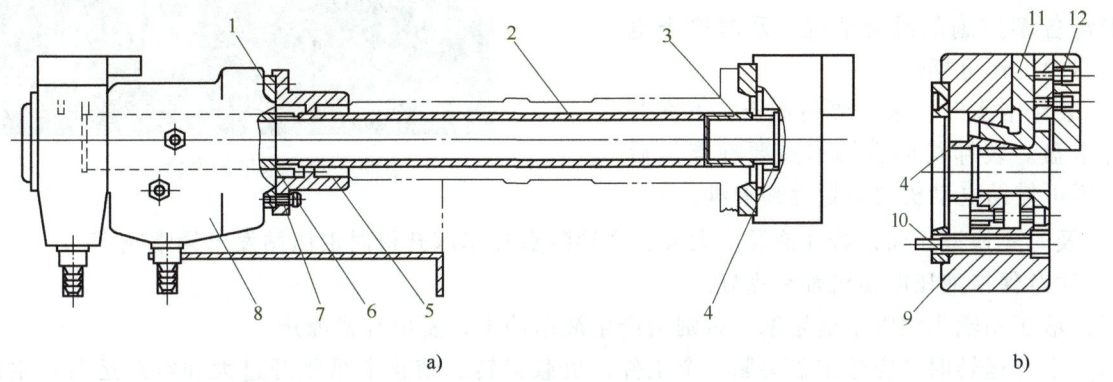

图 5-10　数控车床液压卡盘结构图
a）液压卡盘位置示意图　b）卡盘内楔形机构示意图
1—回转液压缸　2—空心拉杆　3—连接套　4—滑套　5—接套　6—活塞　7、10—螺钉　8—回转液压缸箱体　9—卡盘体　11—卡爪座　12—卡爪

4. 楔形套式动力卡盘

动力卡盘属于自定心卡盘，配以不同的动力装置（气缸、液压缸或电动机），可以组成气动卡盘、液压卡盘或电动卡盘。气缸或液压缸安装在机床主轴后端，用穿在主轴孔内的拉杆或拉管，推拉主轴前端卡盘体内的楔形套，由楔形套的轴向进退使三个卡爪同时径向移动。这种卡盘动作迅速，卡爪移动量小，适用于大批量生产。图 5-11 所示为 K55 系列楔形套式动力卡盘，卡盘配置梳齿坚硬卡爪和软

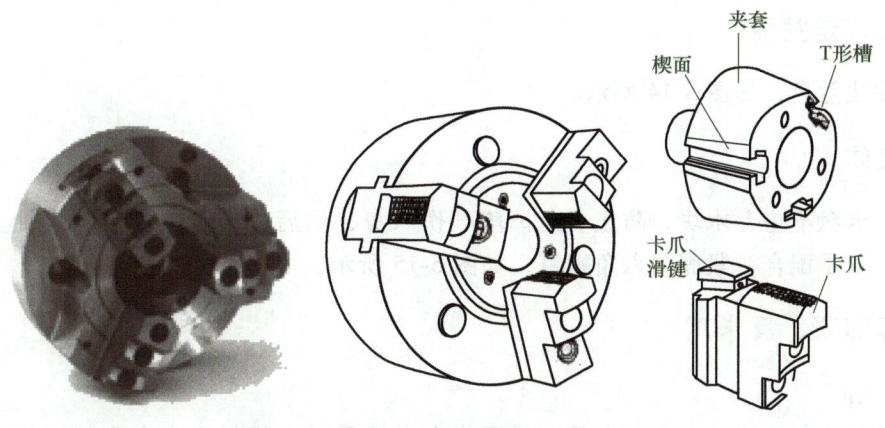

图 5-11　K55 系列楔形套式动力卡盘

爪各一副，适用于在高速（转速小于或等于 4000r/min）全功能数控车床上装夹各种棒料、盘类零件。

二、卡盘的日常保养和维护

1）每班工作结束时，及时清扫卡盘上的切屑。

2）液压卡盘在连续工作 6 个月后，其内部会积有一些细屑，会引起故障，应进行一次拆装，以清理卡盘。

3）每周用润滑油润滑卡爪周围一次，如图 5-12 所示。

4）定期检查主轴上卡盘的夹紧情况，防止卡盘松动。

5）采用液压卡盘时，要经常观察液压夹紧力是否正常，液压夹紧力不足易导致卡盘失压或夹紧力不足。工作中禁止任意控制卡盘液压夹紧开关。

6）及时更换卡紧液压缸密封元件，及时检查卡盘各摩擦副的滑动情况，及时检查电磁阀阀芯的工作可靠性。

7）装卸卡盘时，床面要垫木板，不准开机装卸卡盘。装卸机床主轴卡盘要在停机后进行，不可借助电动机的力量拆卸卡盘。

图 5-12　卡爪的润滑

8）及时更换液压油，若油液黏度太大，会导致数控车床开机时液压站发出异常响声。

9）注意保持液压电动机轴承完好。

10）液压站输出油管不能堵塞，否则会产生液压冲击，发出异常噪声。

11）卡盘运转时，应让卡盘夹紧一个工件，负载运转。禁止卡爪张开过大和空载运行。空载运行时容易使卡盘松动，致使卡爪飞出伤人。

12）液压卡盘液压缸的使用压力必须在许用范围内，不得任意提高。

13）及时紧固液压泵与液压电动机连接装置，及时紧固液压缸与卡盘间连接拉杆的调整螺母。

任务实施

一、工、量具准备

准备螺钉旋具、套筒扳手、活扳手、内六角扳手、卡盘扳手（图 5-13）、自定心卡盘正、反卡爪各一副。

二、安装主轴端法兰盘

安装主轴端法兰盘，如图 5-14 所示。

三、安装卡盘体

在床身上、卡盘下垫上木块，防止卡盘掉落砸伤床身，然后将卡盘体安装到主轴上，用内六角扳手和卡盘扳手，双手配合，紧固内六角螺钉，如图 5-15 所示。

四、安装与拆卸正、反卡爪

1. 安装正卡爪

在安装之前，应仔细清洁卡盘和卡爪，然后将卡盘扳手的方榫插入卡盘壳体圆柱上的方孔中，沿顺时针方向旋转，驱动大锥齿轮回转，当其背面的平面螺纹转到将要接近1槽时，将1号卡爪插入壳体的1槽内，如图5-16a所示，安装好1号卡爪后；继续沿顺时针方向转动卡盘扳手，在卡盘壳体的2槽内，如图5-16b所示，安装2号卡爪；2号卡爪安装好后，继续沿顺时针方向转动卡盘扳手，安装3号卡爪。随着卡盘扳手的继续转动，三个卡爪同步沿径向向心移动，直至汇聚于卡盘的中心。

图5-13 卡盘扳手

图5-14 安装主轴端法兰盘

图5-15 安装卡盘体及卡盘体实物

a)　　　　　　　　　　　　　　　b)

图5-16 安装卡爪

a) 安装1号卡爪　b) 安装2号卡爪

2. 拆卸正卡爪

沿逆时针方向转动卡盘扳手，三个卡爪同步沿径向离心移动，直至退出卡盘壳体。卡爪退离卡盘壳体时，要注意防止卡爪从卡盘壳体中跌落受损。

3. 安装与拆卸反卡爪

当因加工需要更换反卡爪时，按同样的方法进行卡爪的安装、拆卸。

> **操作提示**
>
> 1）装卸卡盘前应切断电动机电源，关闭机床总电源。
> 2）安装三个卡爪时，应按顺时针方向进行，在转动一圈之内将三个卡爪全部装好，防止平面螺纹转过位。
> 3）将卡盘扳手的方榫插入卡盘外壳圆柱面上的方孔中，按顺时针方向旋转，可使卡爪沿径向向心移动，实现工件的夹紧；按逆时针方向旋转，可使卡爪沿径向离心移动，卸下工件。卡盘扳手使用后必须要及时取下。
> 4）拆卸及安装自定心卡盘卡爪应按卡爪号有序进行，并要防止掉落。

任务评价

任务完成后，对任务实施及职业素养养成情况进行综合评价，并填写表5-1。

表5-1 任务评价表

评价项目	内容	评分标准	学生评价		教师评价
			自评	互评	
任务实施	法兰盘的安装	正确安装法兰盘			
	卡盘体的安装	正确安装卡盘体			
	正卡爪的安装	正确安装三个正卡爪			
	正卡爪的拆卸	正确拆卸三个正卡爪			
	反卡爪的安装	正确安装三个反卡爪			
	反卡爪的拆卸	正确拆卸三个反卡爪			
职业素养	安全操作	规范穿戴工作服 合理使用拆装工具			
	管理规范	在任务实施过程中按照5S管理规范（整理、整顿、清洁、清扫、素养）进行操作，工具摆放合理，任务完成后工位保持整洁			

拓展练习

1）如何判别三个卡爪的顺序？
2）如何正确进行三个卡爪的安装和拆卸？

任务二 数控车床尾座的拆装与调试

任务描述

本任务通过数控车床尾座的拆装和调试操作，认识并掌握常用数控车床尾座的结构，尾座的操作过程；能够正确进行尾座的拆卸和装配，进而能够进行其日常维护与保养。图5-17所示为采用一夹一顶方式装夹工件，加工轴类工件。

图 5-17　常用零件装夹方式：一夹一顶

 知识链接

一、尾座的分类

数控车床使用的尾座，按照驱动装置的不同划分，可以分为两类：手动操作型尾座和液压型尾座。图 5-18 所示为手动操作型尾座，尾座的运动包括尾座体的移动和尾座套筒的移动，尾座体的移动靠操作者手推动，使尾座体靠近工件；尾座套筒的移动主要靠手摇动手轮，通过螺旋机构把旋转运动转化成套筒的移动。图 5-19 所示为液压型尾座，后面安装有进出液压油的液压油管，通过液压控制套筒的移动。

图 5-18　手动操作型尾座

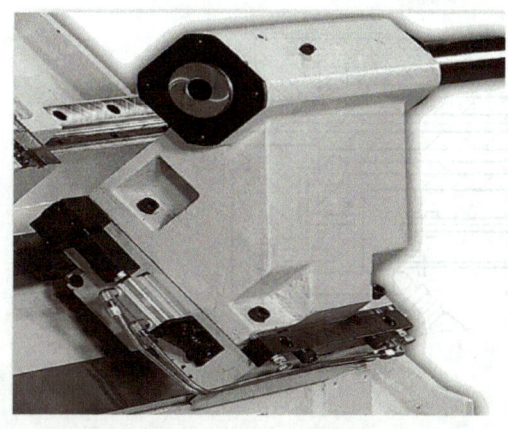

图 5-19　液压型尾座

二、尾座的结构及工作过程

1. 手动操作型尾座的基本结构及工作过程

手动操作型尾座外部是一个套筒（套筒外有个滑键，主要起导向作用，利于套筒伸出和缩进，套筒内有个加工有梯形螺纹的螺母），中间是个加工有梯形螺纹的丝杠（转动手轮后，丝杠带动套筒移动），后面是一个固定的法兰盘（固定在尾座上用来定位丝杠），法兰盘内装有轴承，手轮上固定有手柄，用两个平垫圈和一个螺母把手轮固定在丝杠上。用手转动手柄，可带动丝杠转动，进而使套筒前后移动，如图 5-20 所示。

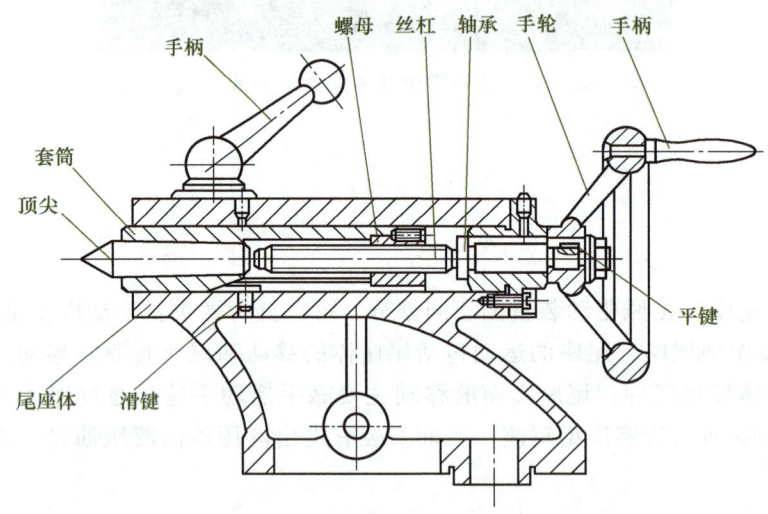

图 5-20 手动操作型尾座的结构

2. 液压型尾座的基本结构及工作过程

图 5-21 所示数控车床液压型尾座的结构简图，尾座装在床身导轨上，可以根据工件的长短调整位置，用拉杆夹紧定位。尾座体的移动由滑板来带动，尾座体移动后，由手动控制的液压缸将其锁紧在床身上。顶尖与尾座套筒用锥孔连接，尾座套筒可带动顶尖一起移动。在机床自动循环中，可通过加工程序由数控系统控制尾座套筒的移动。当数控系统发出尾座套筒伸出的指令后，液压电磁阀动作，液压油通过活塞杆的内孔进入尾座套筒液压缸的左腔，推动尾座套筒伸出。当数控系统发出退回指令时，液压油进入尾座套筒液压缸的右腔，使尾座套筒退回。

尾座套筒移动的行程，靠调整套筒外部连接的行程杆上面的移动挡块或通过行程开关来控制。如图 5-21 所示，当移动挡块的位置在右端极限位置时，套筒的行程最长。当套筒伸出到位时，行程杆上

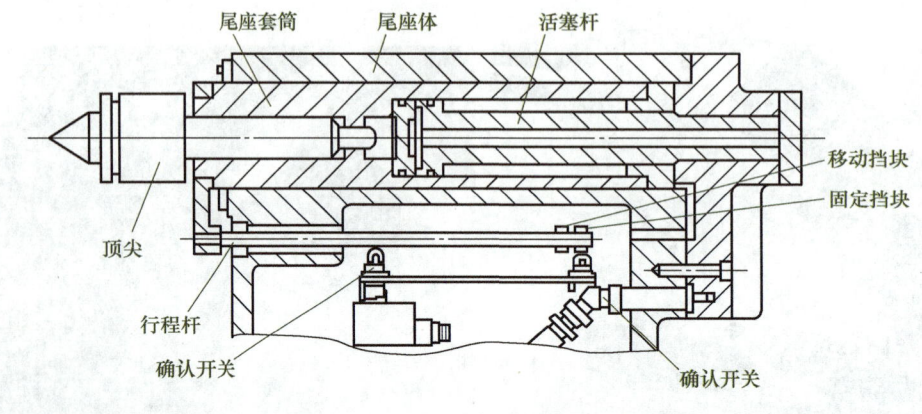

图 5-21 数控车床液压型尾座结构简图

的移动挡块压下确认开关，向数控系统发出尾座套筒到位信号；当套筒退回时，行程开关上的固定挡块压下确认开关，向数控系统发出套筒退回的确认信号。

任务实施

一、工、量具准备

准备铜棒、螺钉旋具、橡皮锤、百分表、套筒扳手、活扳手、内六角扳手等。

二、尾座的拆装与调试

本任务进行手动操作型尾座的拆卸与安装。

1. 尾座的拆卸

按表 5-2 所列步骤进行尾座的拆卸。

表 5-2 尾座的拆卸过程

步骤	说明	图示	注意事项
1	拆卸尾座锁紧螺母	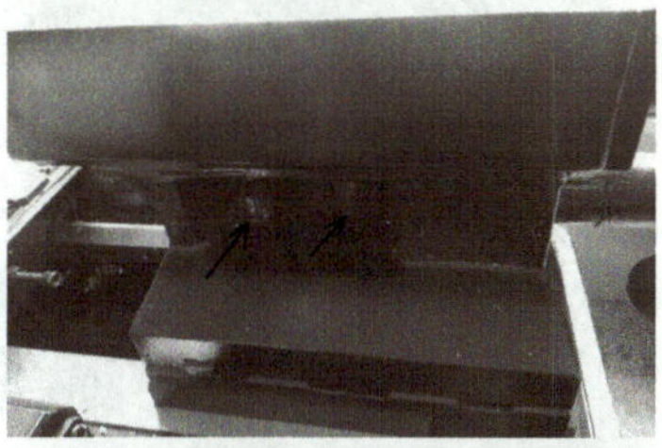 	使用不同的扳手进行拆卸
2	拆卸尾座底部杠杆块连接螺杆上的对顶螺母	 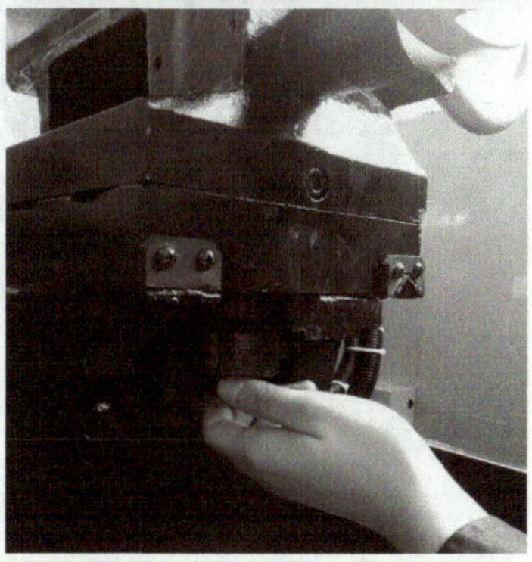	

（续）

步骤	说明	图示	注意事项
3	把尾座从导轨上移出来	 	尾座比较重，操作中注意安全
4	拆卸手轮。先用扳手旋松手轮螺母，然后拆下手轮螺母，拆下手轮	 	注意不要弄丢键

项目五 数控车床卡盘和尾座的拆装与调试

（续）

步骤	说明	图示	注意事项
5	拆卸法兰盘	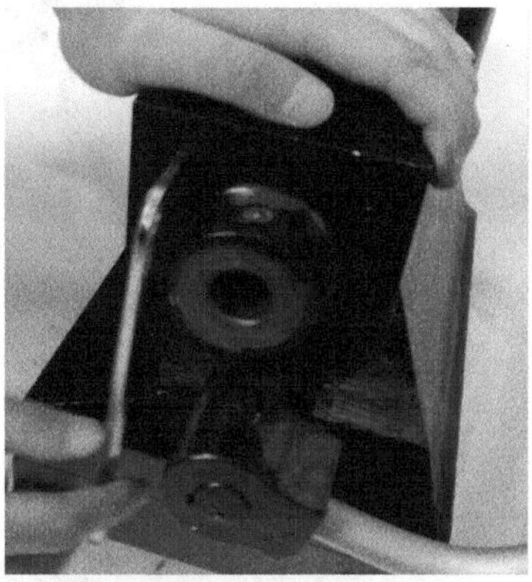  	可以先把丝杠往里推一下，以便于扳手旋转
6	松开滑动套筒锁紧手柄，推出滑动套筒，拆下滑动套筒法兰盘上的螺母，拉出滑动套筒	 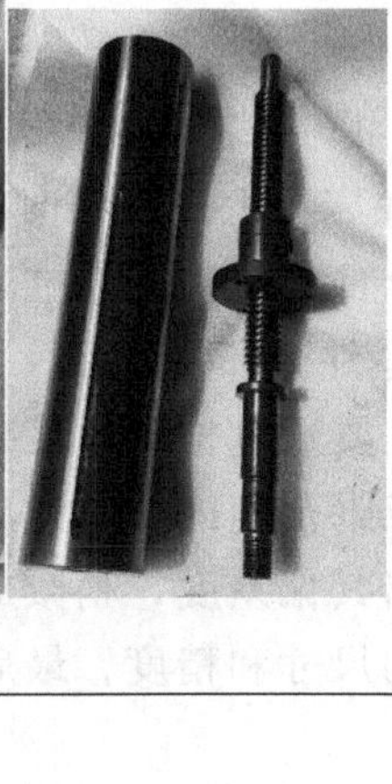	把滑动套筒推出来是为了便于拆卸螺母

（续）

步骤	说明	图示	注意事项
7	拆下滑动套筒锁紧螺母	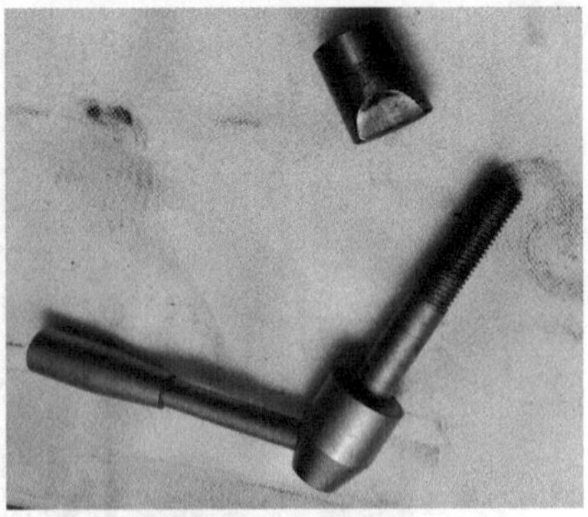	
8	将拆下的零件摆放整齐		

> **操作提示**
>
> 1）看懂结构再动手拆卸，并按由外向内，先易后难，先下后上顺序拆卸。
> 2）先拆卸紧固、联结、限位件。
> 3）拆卸前看清组合件的方向、位置排列等，以免装配时搞错。
> 4）拆下的零件要有秩序的摆放整齐，做到分类归齐。
> 5）注意安全，拆卸时要注意防止尾座倾倒或掉下，拆下零件要安放在桌案里边或放置地上，以免掉下损坏。
> 6）拆卸零件时，不准用铁锤用力敲打，不能强行拆装零件，分析原因，弄清楚后再拆装。

2. 尾座的装配

尾座零件拆卸完，待清洗干净后，按照与拆卸相反的顺序安装。

主要步骤介绍如下：

（1）调整尾座底板 以床身上尾座导轨为基准，可以通过配刮尾座底板，使其达到精度要求。

（2）将尾座部件装在床身上 安装时，将试配过的丝杠装上，盖上压盖并将螺钉孔和销孔装配完毕。套筒和尾座本体配合良好，以手能推入为宜。

（3）注入润滑油 零件全部装好后，注入润滑油，运动部位的运动要感觉轻快自如。

装配是否满足要求，要通过检测才能判断。检测包含检验与测量。几何量的检测是指确定零件的几何参数是否在规定的极限范围内，并做出合格性判断，不一定测量出被检测量具体数值。尾座精度不够，可先用百分表测出其偏差度，稍微放松尾座固定杆把手，再放松底座紧固螺钉，然后利用尾座调整螺钉调整到所要求的尺寸和精度，最后再拧紧所有被放松的螺钉，即完成尾座精度调整工作。

三、尾座的日常维护工作

1) 尾座精度调整。先用百分表测出其偏差度,稍微放松尾座固定杆把手,再放松底座紧固螺钉,然后利用尾座调整螺钉调整到所要求的尺寸和精度,最后再拧紧所有被放松的螺钉,即完成尾座精度调整工作。注意:机床精度检查时,按规定尾座套筒中心应略高于主轴中心。
2) 定期润滑尾座本身。
3) 定期检查更换密封元件。
4) 定期检查和紧固其上的螺母、螺钉等,以确保尾座的定位精度。
5) 检查尾座套筒是否出现机械磨损。
6) 主轴启动前,要仔细检查尾座是否锁紧。
7) 注意尾座套筒及尾座与所在导轨的清洁和润滑工作。

 任务评价

任务完成后,对任务实施及职业素养养成情况进行综合评价,并填写表5-3。

表 5-3 任务评价表

评价项目	内容	评分标准	学生评价		教师评价
			自评	互评	
任务实施	拆卸	正确进行七步的拆卸过程			
	装配	正确进行各零件的装配工作			
	调整	掌握尾座精度调整方法			
职业素养	安全操作	规范穿戴工作服,合理使用拆装工具			
	管理规范	任务实施过程中按照5S管理规范(整理、整顿、清洁、清扫、素养)执行,仪器、器件、工具摆放合理,任务完成后工位保持整洁			

 拓展练习

1) 简述尾座的运动过程。
2) 请指出尾座的一些加注润滑油的地方。

项目六

数控车床精度检验与调整

📖 项目导入

本项目以卧式数控车床为载体，进行机床几何精度检验和定位精度检验操作训练，学习机床精度检验标准（GB/T 25659.1—2010《简式数控卧式车床 第1部分：精度检验》）以及检验过程中工具、量具、仪器的使用方法。

设备介绍

数控车床实训设备由电气控制柜、数控车床本体、十字滑台等组成。其中数控车床本体是大连机床集团有限责任公司生产的 ZTXC15 数控车床综合实训装置，具有与市场主流卧式数控车床相类似的机床结构。

📖 教学目标

知识目标

1) 理解卧式数控车床精度检验标准。
2) 掌握数控车床主要几何精度检验与调整方法。
3) 明确机床几何精度、定位精度、加工精度的概念。
4) 理解常用精度检验工具的工作原理。
5) 理解激光干涉仪的测量原理。

技能目标

1) 正确使用工具、检验量具，操作规范。
2) 根据国家标准，使用正确的方法进行机床精度检验。
3) 会操作激光干涉仪进行精度检测。

素养目标

1) 依据国家标准进行检验操作，培养标准意识，以科学的态度对待科学。
2) 培养严谨的工作作风，树立正确的质量强国意识。

任务一 数控车床几何精度检验

 任务描述

本任务通过检验数控车床几何精度的操作，学习数控车床几何精度常用检验工具，如精密水平仪、精密方箱、平尺、专用顶尖、等径检验棒、端面检验棒、主轴检验棒、千分表等，能分析在几何精度检验过程中因测量方法及测量工具应用不当引起的误差。

 知识链接

一、机床几何精度的概念

机床的几何精度是指机床某些基础零件工作面的几何精度，是在机床不运动的情况下检测的精度，也称为静态精度。机床几何精度检验必须在地基完全稳定、地脚螺栓处于压紧的状态下进行。考虑到地基可能随机床使用时间而变化，一般要求在机床使用半年后，复校一次几何精度。

数控机床几何精度规定了影响机床加工精度的主要零部件之间以及这些零部件运动轨迹之间的相对位置允差。机床几何精度直接影响机床的加工精度。

二、数控车床几何精度常见的检验项目

数控车床几何精度常见的检验项目主要有导轨精度、尾座套筒轴线对溜板移动的平行度、主轴端部的跳动、主轴锥孔轴线的径向跳动等，具体参考附录表 B-1。

三、常见数控车床几何精度的检验方法

1. 导轨精度

检验工具：水平仪。

检验方法：在溜板上靠近导轨处，纵向放置一水平仪，等距离移动溜板，观察并将水平仪读数依次排列，画出导轨偏差曲线，曲线相对其两端点连线的最大坐标值就是导轨全长的直线度误差。

2. 溜板移动在 ZX 平面内的直线度

检验工具：千分表、等径检验棒。

检验方法：将千分表磁性表座吸附在溜板上，使千分表测头触及主轴和尾座顶尖间的等径检验棒表面（ZX 平面侧素线）上，调整尾座，使千分表在等径检验棒两端的读数相等。移动溜板在全部行程上进行检验，千分表读数的最大代数差就是直线度误差。

3. 主轴端部的跳动

检验工具：千分表、专用检具。

检验方法：使千分表测头触及以下测量表面。

a）插入主轴锥孔的检验棒端部的钢球上；

b）主轴轴肩支承面上（沿主轴轴线方向施加一力 F，旋转主轴进行检验）。

a)、b) 两项误差均取千分表读数的最大差值。

4. 主轴锥孔轴线的径向跳动

检验工具：检验棒、千分表。

检验方法：将检验棒插入主轴锥孔内，固定千分表磁性表座，使其测头触及检验棒表面，在靠近主轴端面处和距离主轴端面 L 处，旋转主轴进行检验。

拔出检验棒，使其相对主轴旋转 90° 后重新插入主轴锥孔，按上述方法进行检验。重复此操作 3

次。4次测量结果的平均值就是主轴锥孔轴线的径向跳动误差。

5. 主轴轴线对溜板移动的平行度

检验工具：主轴检验棒、千分表。

检验方法：将主轴检验棒插入主轴锥孔内，固定千分表磁性表座，使其测头触及主轴检验棒表面，在 ZX 平面内和 YZ 平面内，移动溜板进行检测。将主轴旋转 180°，再按上述方法测量一次。两次测量结果的平均值就是平行度误差。

6. 顶尖的跳动

检验工具：专用顶尖、千分表。

检验方法：将专用顶尖插入主轴孔内，固定千分表磁性表座，使千分表测头触及顶尖锥面，沿主轴轴线施加力 F，旋转主轴进行检验。

7. 尾座套筒轴线对溜板移动的平行度

检验工具：千分表。

检验方法：使尾座顶尖套伸出量约为其最大伸出长度的一半并锁紧，固定千分表磁性表座，使千分表测头触及尾座套筒的表面，在 ZX 平面内和 YZ 平面内，移动溜板进行检验，千分表读数的最大差值就是该平行度误差。

8. 主轴和尾座两顶尖的等高度

检验工具：千分表、等径检验棒。

检验方法：在主轴和尾座顶尖之间装入等径检验棒，将千分表磁性表座吸附在溜板上，使千分表测头触及等径检验棒表面，移动溜板，在等径检验棒两端进行检验。将等径检验棒旋转 180°再检验一次，两次测量结果的平均值就是等高度误差。

任务实施

一、工、量具准备

准备精密水平仪、顶尖检验棒、等径检验棒、端面检验棒、主轴检验棒、千分表、套筒扳手、活扳手、内六角扳手等，如图 6-1 所示。

图 6-1 常用机床精度检测工量具

二、检验数控车床几何精度

按表 6-1 所列步骤，进行 ZTXC15 数控车床综合实训装置水平调整，并完成机床几何精度检验。

表 6-1 数控车床几何精度检验操作步骤

步骤	内容	图示	操作说明
1	调整机床水平	 放置水平仪 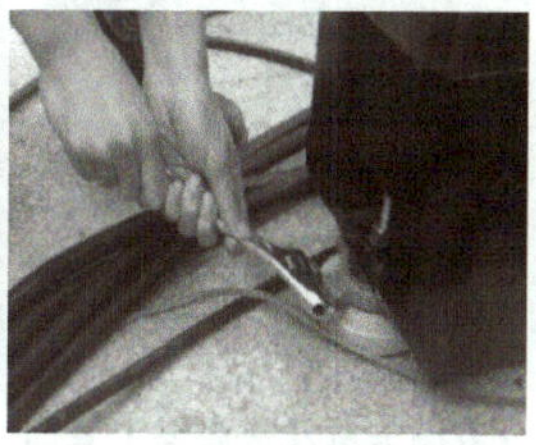　　调整地脚螺栓	1）垂直放置两精密水平仪 2）擦净工作台、水平仪 调整机床水平
2	检验主轴轴线对溜板移动的平行度	 在 ZX 平面内检测 　　在 YZ 平面内检测	1）擦拭主轴孔和检验棒 2）测量一次后旋转180°继续测量，取两次测量结果的平均值 测量主轴轴线对溜板移动的平行度
3	检验顶尖的跳动		1）主轴旋转3圈以上，取最大误差值 2）千分表测头尽量触及顶尖 测量顶尖的跳动
4	检验尾座套筒轴线对溜板移动的平行度（在 ZX 平面和 YZ 平面内进行测量）	 靠近尾座近端 　　远离尾座端	1）使尾座套筒处于退回状态并锁紧 2）尾座套筒伸出长度约为最大长度的一半 3）重复3次，取最大误差值 测量尾座套筒轴线对溜板移动的平行度
5	检验主轴锥孔轴线的径向跳动（在靠近主轴端面处和距离主轴端面 L 处进行测量）	 旋转主轴测误差 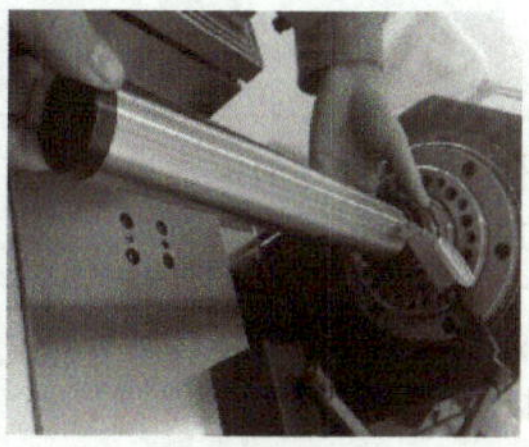　　检验棒旋转 90°	1）每次测量应使主轴旋转3圈以上，取近端、远端误差值 2）拔出主轴检验棒，旋转 90°、180°、270°，重复检测3次，取平均值 检验主轴锥孔轴线的径向跳动

(续)

步骤	内容	图示	操作说明
6	检验主轴和尾座两顶尖的等高度	 千分表测头触及检验棒上表面 　　调整尾座	1）千分表测头触及等径检验棒上素线 2）用内六角扳手调整尾座 检验主轴和尾座两顶尖的等高度
7	检验主轴端部的跳动	 主轴轴肩跳动 　　主轴定心轴颈跳动	1）主轴旋转3圈以上,取最大读数 2）千分表测头角度要合适 检验主轴端部的跳动
8	检验溜板移动在ZX平面内的直线度	 千分表测头触及等径检验棒ZX平面侧素线	1）擦拭主轴孔、尾座孔 2）一次测量结束后,将等径检验棒旋转180°再测量一次 检验溜板移动在ZX平面内的直线度

操作提示

1）量具使用前应先擦拭干净,使用后应涂抹防锈油,合理保存。
2）若使用杠杆千分表,测头测量角度以 0°~30° 为宜;若使用钟式表,测头应垂直于被测表面。
3）在进行精度检验时,数控机床部件运行要低速,以保护量具,同时可避免发生事故。

任务评价

任务完成后,对任务实施及职业素养养成情况进行综合评价,并填写表 6-2。

表 6-2　任务评价表

评价项目	内容	评分标准	学生评价		教师评价
			自评	互评	
任务实施	检验方法	检验方法符合国家标准 工量具使用符合规范			
	检验结果	检验结果符合机床出厂标准 指示器读数正确			
	调整方法	根据机床结构,正确进行调整 调整过程中不损坏机床			

(续)

评价项目	内容	评分标准	学生评价		教师评价
			自评	互评	
职业素养	安全操作	工作服穿戴规范 正确使用工具、量具			
	管理规范	仪器、器件、工具摆放整齐有序 任务完成后工位保持整洁			

 拓展练习

1）数控机床精度检验主要依据的国家标准是什么？
2）数控机床几何精度检验项目有哪些？

任务二　数控车床定位精度检验

 任务描述

本任务通过用激光干涉仪对数控车床定位精度进行检验操作，学习数控机床定位精度的检测方法，学会参照数控机床定位精度检验标准（ISO 230—2—2006 和 GB/T 25659.1—2010）检测数控机床的定位精度。

 知识链接

一、激光干涉仪简介

激光干涉仪是利用激光的波长作为长度最小单位，对数控设备（数控车床、数控铣床、加工中心等）的位置精度等进行检测的精密测量仪器。激光干涉仪有单频和双频两种。

单频激光干涉仪：从激光器发出的光束，经扩束准直后由分光镜分为两路，并分别从固定反射镜和可动反射镜反射回来会合在分光镜上而产生干涉条纹。当可动反射镜移动时，干涉条纹的发光强度变化由接收器中的光电转换元件和电子线路等转换为电脉冲信号，经整形、放大后输入可逆计数器计算出总脉冲数，再由电子计算机算出可动反射镜的位移量 L。使用单频激光干涉仪时，要求周围大气处于稳定状态，各种空气紊流都会引起直流电平变化而影响测量结果。

双频激光干涉仪：在氦氖激光器上，加上一个约 0.03T 的轴向磁场。由于塞曼分裂效应和频率牵引效应，激光器产生 f_1 和 f_2 两个不同频率的左旋和右旋圆偏振光（频差为 1~2MHz），双频激光干涉仪就以这两个具有不同频率的圆偏振光作为光源。双频激光干涉仪对由发光强度变化引起的直流电平变化不敏感，所以抗干扰能力强。

目前，数控机床精度检测一般均使用双频激光干涉仪。

1. 激光测量原理

把两束波长相同的光波重合在一起形成干涉，其合成结果因两个光波相位差的不同而不同，由该相位差来确定两个光波的光路误差变化。采用激光作为光源主要基于以下三个关键特性：波长精确已知，能实现精确测量；波长短，能实现精密测量和高分辨率测量；所有光波均为同相，能实现干涉条纹。

大多数现代激光干涉仪均使用氦氖激光管，如图 6-2 所示。这些激光管具有 633nm 的波长输出。当高压电源连接在阳极和阴极之间时，混合气体被激发，形成激光束。当激光束在两个反射镜之间来

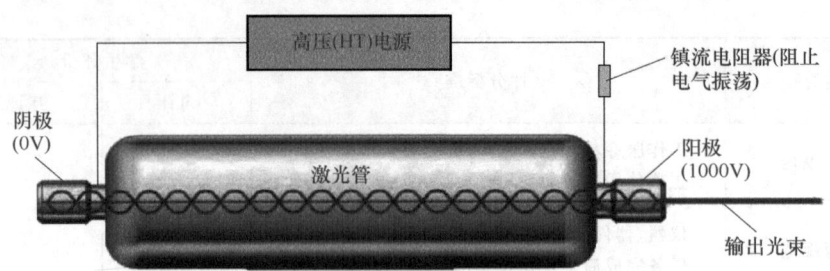

图 6-2 氦氖激光管

回共振时，激光发光强度被放大，一些光透射出阳极反射镜，成为输出激光束。

2. 线性干涉原理

干涉镜有很多种，激光干涉仪一般用的是线性角锥反射镜系统。如图 6-3 所示，激光头发出的光被分光镜分成两束光，大约一半的激光射到固定角锥反射镜上，形成参考光束，另一半激光射到移动角锥反射镜上，形成测量光束。角锥反射镜将两束光反射回分光镜中，光束叠加并彼此干涉，产生两种干涉：

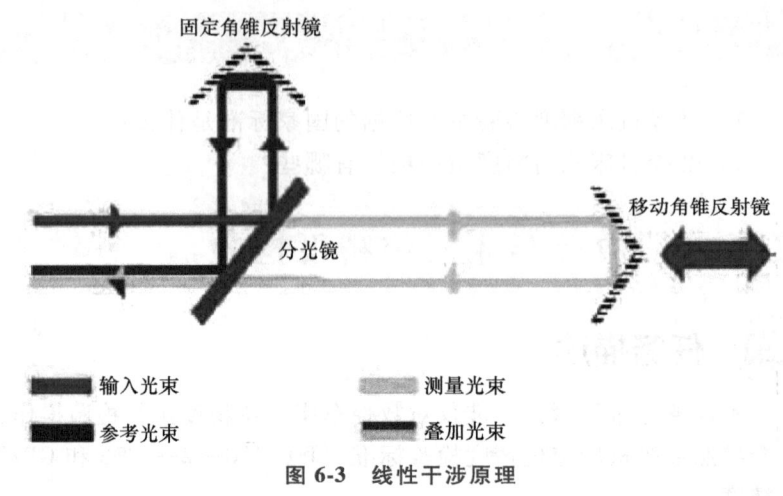

图 6-3 线性干涉原理

（1）相消干涉　一束光的峰值被波谷抵消，产生暗条纹。

（2）相长干涉　一束光的峰值被另一束光的波峰加强，产生明条纹。

3. 运动测量原理

如果测量光路长度改变（角锥反射镜移动），干涉光束的相对相位将改变，由此产生的相长干涉和相消干涉的循环将导致叠加光束的明暗周期性变化。例如：角锥反射镜每移动 315nm（因此移动会造成 633nm 的光路长度变化），就会出现发光强度循环变化（明—暗—明）。可通过这些循环来测量移动，在这些循环之间进行相位细分，可实现更高分辨率（1nm）的测量。

二、雷尼绍（Renishaw）激光干涉仪介绍

Renishaw 公司是一家英国企业，雷尼绍激光干涉仪主要用于数控机床及三坐标测量机位移精度和几何精度的测定与评价。

XL80 型激光干涉仪是目前雷尼绍干涉仪的主要品牌。其硬件主要有激光头、环境补偿系统、传感器、角度反射镜、角度分光镜、安装组件、激光头微调平台等，见表 6-3。

表 6-3 雷尼绍激光干涉仪主要硬件组件

序号	名称	图示
1	激光头	

项目六 数控车床精度检验与调整

（续）

序号	名称	图示
2	环境补偿系统	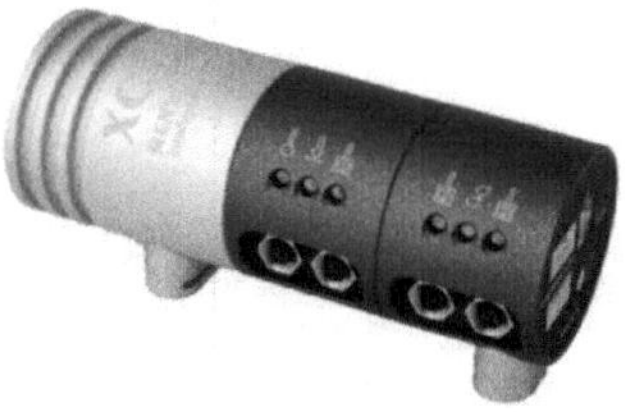
3	传感器	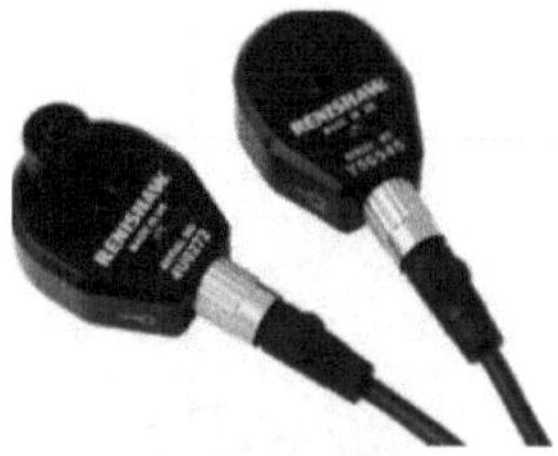
4	角度反射镜	
5	角度分光镜	
6	安装组件	
7	三脚架	 平台配接器、高度调节曲柄、支脚伸长锁定、中心柱、支脚的角度锁定、防滑橡胶脚

83

(续)

序号	名称	图示
8	垂直度检测镜	

任务实施

一、设备准备

准备雷尼绍激光干涉仪（XL80），内装硬件包括激光头、环境补偿系统、安装组件、角度反射镜、角度分光镜、激光头微调平台，计算机 1 台（安装 Laser XL 软件）。

二、用激光干涉仪检测机床定位精度

按照表 6-4 所列步骤，用激光干涉仪检测数控车床一个轴的直线定位精度。

表 6-4　激光干涉仪定位精度检测过程

步骤	内容	图示	操作说明
1	测量前准备	 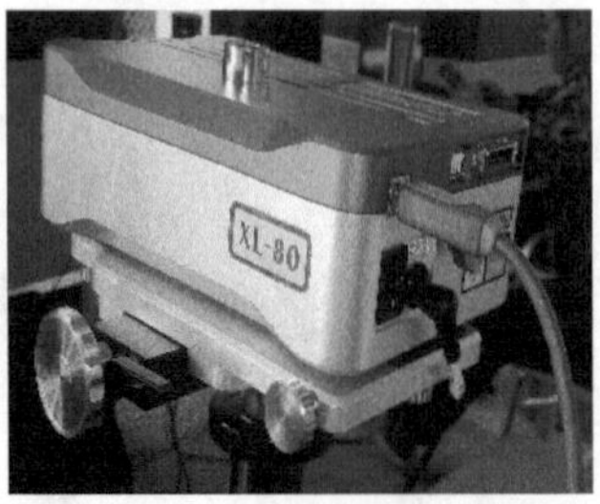	（1）取出激光干涉仪三脚架，调整三个支承杆伸出长度至适当并锁紧 （2）将激光干涉仪放置在三脚架升降杆上并锁住，将激光干涉仪的可调位置均调整至中间位置 （3）放置微型水平仪，通过调整三脚架三个支承杆，使水平仪气泡居中 （4）将信号线连接到激光干涉仪、计算机的电源插口上 （5）确认电源电压正确后，打开激光干涉仪电源开关，进行预热

84

项目六　数控车床精度检验与调整

（续）

步骤	内容	图示	操作说明
2	连接传感器	 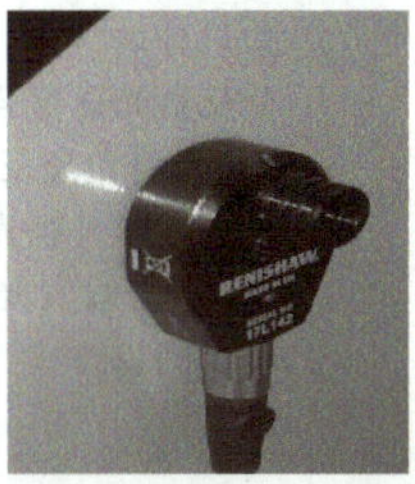 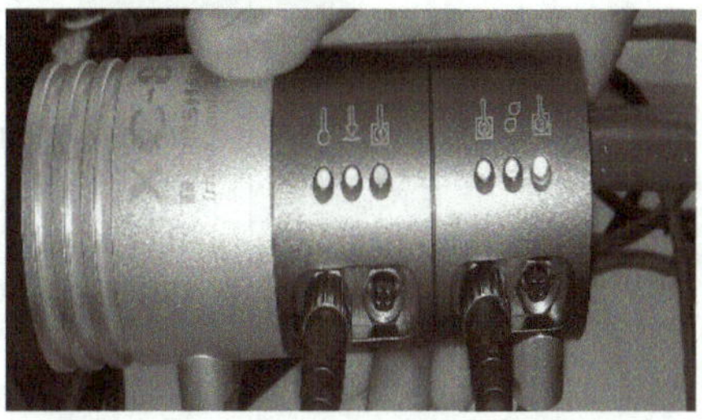	（1）连接传感器，信号线一端连接工作传感器，另一端连接传感器站对应接口 （2）将工作传感器放置到工作台上，将信号处理站放置在合适位置 （3）取出激光干涉仪的空气传感器及信号线，连接激光干涉仪及传感器信号处理站对应接口 （4）信号线一端插入传感器信号处理站对应接口，另一端插入计算机 USB 接口即可，观察信号处理站灯是否正常
3	安装角度反射镜和角度分光镜组	 	（1）取出磁性表座，安装支承杆，将角度分光镜安装座安装到磁性表座的安装杆上 （2）将角度分光镜置于激光头角度与反射镜之间 （3）注意：角度分光镜上的两个箭头应分别指向两个角度反射镜 （4）调整进给轴，使角度分光镜与角度反射镜等高，然后移动角度反射镜，使其侧边与角度分光镜平行

85

(续)

步骤	内容	图示	操作说明
4	对光	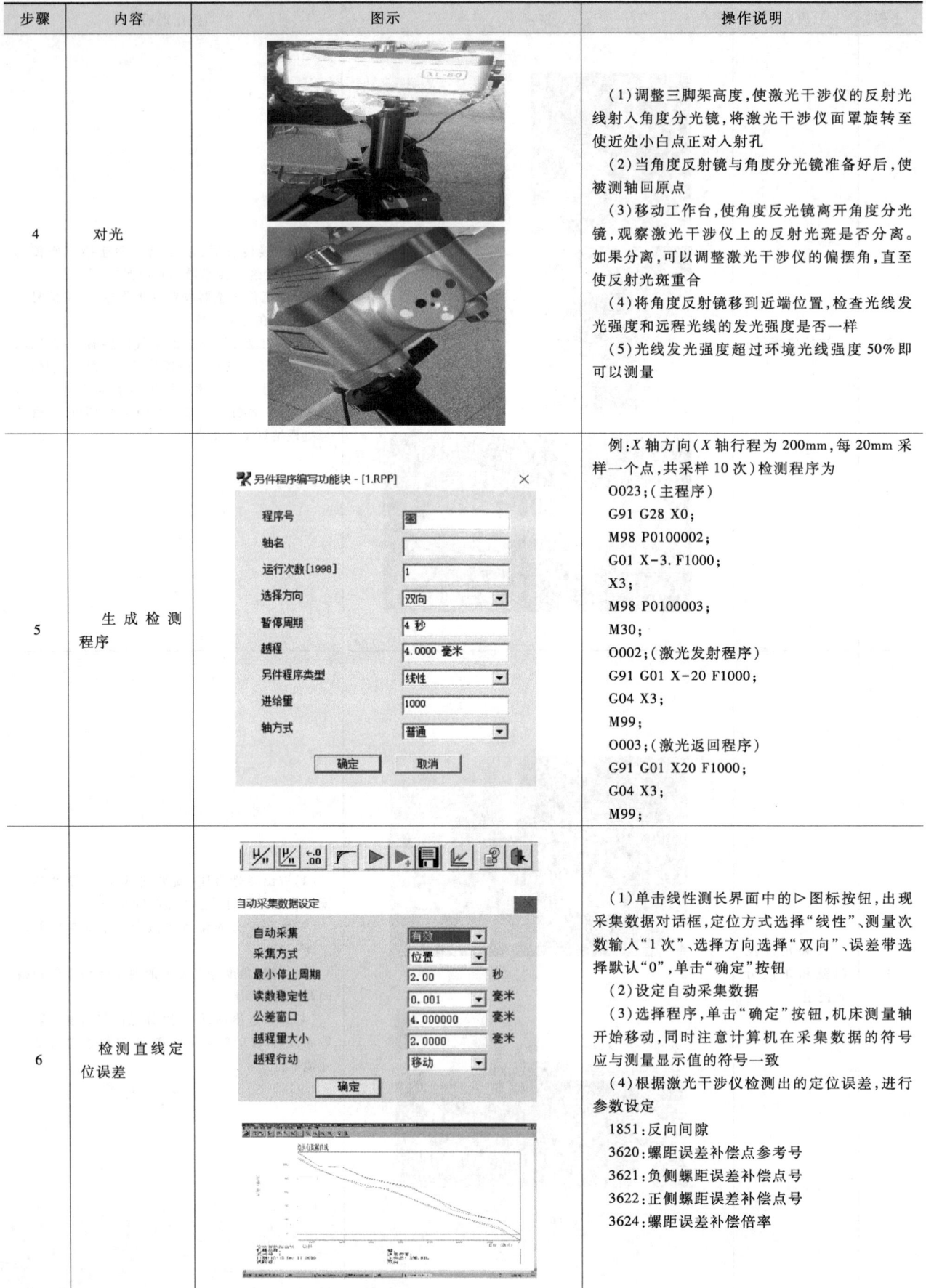	(1) 调整三脚架高度，使激光干涉仪的反射光线射入角度分光镜，将激光干涉仪面罩旋转至使近处小白点正对入射孔 (2) 当角度反射镜与角度分光镜准备好后，使被测轴回原点 (3) 移动工作台，使角度反射镜离开角度分光镜，观察激光干涉仪上的反射光斑是否分离。如果分离，可以调整激光干涉仪的偏摆角，直至使反射光斑重合 (4) 将角度反射镜移到近端位置，检查光线发光强度和远程光线的发光强度是否一样 (5) 光线发光强度超过环境光线强度50%即可以测量
5	生成检测程序		例：X轴方向（X轴行程为200mm，每20mm采样一个点，共采样10次）检测程序为 O023；（主程序） G91 G28 X0； M98 P0100002； G01 X-3. F1000； X3； M98 P0100003； M30； O002；（激光发射程序） G91 G01 X-20 F1000； G04 X3； M99； O003；（激光返回程序） G91 G01 X20 F1000； G04 X3； M99；
6	检测直线定位误差		(1) 单击线性测长界面中的▷图标按钮，出现采集数据对话框，定位方式选择"线性"、测量次数输入"1次"、选择方向选择"双向"、误差带选择默认"0"，单击"确定"按钮 (2) 设定自动采集数据 (3) 选择程序，单击"确定"按钮，机床测量轴开始移动，同时注意计算机在采集数据的符号应与测量显示值的符号一致 (4) 根据激光干涉仪检测出的定位误差，进行参数设定 1851：反向间隙 3620：螺距误差补偿点参考号 3621：负侧螺距误差补偿点号 3622：正侧螺距误差补偿点号 3624：螺距误差补偿倍率

项目六　数控车床精度检验与调整

（续）

步骤	内容	图示	操作说明
7	验证螺距误差补偿效果	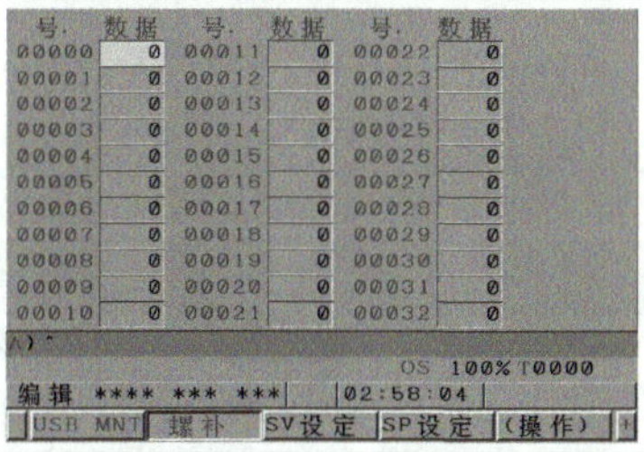	（1）选择对应程序，单击"确定"按钮，机床测量轴开始移动，再次进行数据采样，观察机床定位精度 （2）如果机床精度不符合要求，则重新进行螺距误差补偿 （3）根据补偿前后误差分析补偿效果，总结经验
8	现场整理	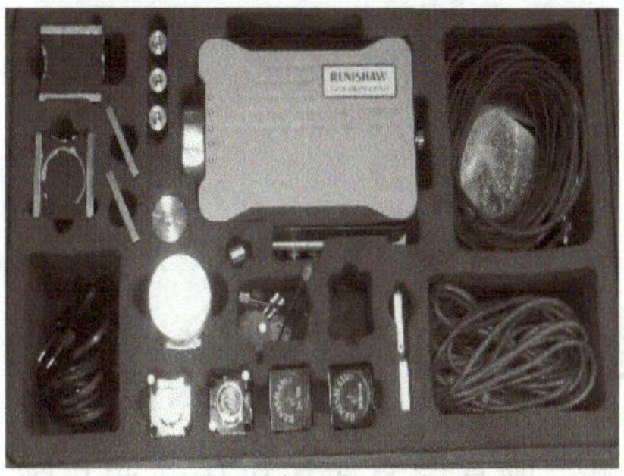	（1）检测完成后，应关闭激光干涉仪，切断电源线 （2）取下激光干涉仪电源线、信号线，将激光干涉仪放置在工具箱中 （3）取下传感器信号线，将传感器放入工具箱 （4）取下传感器处理站的信号线、电源线，将传感器处理站放入工具箱 （5）取下干涉镜、反射镜，放入工具箱。拆下磁性表座安装杆，放入工具箱中 （6）收起激光干涉仪三脚架，将其复位并放入原袋中

> **操作提示**
>
> 1）为避免激光伤害眼睛，请勿直视激光束。
> 2）架设或操作激光干涉仪时，闲杂人等不要靠近，以免绊到电源线和信号线。
> 3）工作电压应稳定，所使用电源应能独立供电。

任务评价

任务完成后，对任务实施及职业素养养成情况进行综合评价，并填写表6-5。

表6-5　任务评价表

评价项目	内容	评分标准	学生评价		教师评价
			自评	互评	
任务实施	设备安装	1. 激光干涉仪电源和信号线连接正确 2. 传感器安装正确 3. 角度分光镜、角度反射镜组件安装正确			
	检验方法	1. 正确进行激光干涉仪对光 2. 生成测试程序正确 3. 正确进行数据采样			
	机床操作	1. 正确进行机床基本操作 2. 正确进行程序运行和调整 3. 正确进行数控系统参数设置			
职业素养	安全操作	1. 工作服穿戴规范 2. 安全操作激光干涉仪			
	管理规范	1. 仪器、器件、工具摆放整齐有序 2. 任务完成后工位保持整洁			

拓展练习

1）激光干涉仪主要进行哪些定位精度检测？
2）如何进行激光干涉仪的维护与保养？

附　录

附录 A　竞赛试题典型任务分析

"数控机床机械部件装配及机床精度检测"既是国家数控机床装调与维修工职业资格的考核要点，也是各类数控机床装调与维修技术技能竞赛的核心工作任务。

以全国职业院校技能大赛"数控车床装调与维修技术"赛项为例，参赛队要在 4h 内，完成任务书规定的任务。任务书既包含具体工作任务操作试题，又包含相关理论知识试题，检阅参赛选手对所学专业基础课及专业课的现场应用能力。现场工作任务包含数控车床的电气线路装配与测试、十字滑台功能部件的机械装配与调整、数控车床功能调试与故障排除、数控车床几何精度检测、零件的试切削、数控车床维护与保养等内容。要求机床功能达到任务书预定要求、操作过程规范，各项目模块详细说明如下：

（1）电气线路装配与调试　选手使用赛场提供的电器元件，按照电气原理图及装配图，完成数控车床电气控制线路的装配、连接与调试等典型工作任务。

（2）十字滑台功能部件的机械装配与调整　选手利用现场提供的工、量、检具，完成十字滑台功能部件的机械装配，并根据装配工艺要求，对功能部件相关几何精度进行检测与调整。

（3）数控车床功能调试　根据任务书的要求，完成典型数控车床的控制要求及数据备份等工作任务。

（4）数控车床故障诊断与排除　根据任务书要求判断并排除数控车床的故障。

（5）零件的试切削　先对机床进行几何精度检测，然后根据任务书给出的零件图样要求，编写加工程序，进行试切削加工。

（6）数控机床维护与保养　根据任务书给出的要求，依据机床使用说明书等技术资料进行机床的维护，在试切削加工前进行机床状态检查；在试切削加工完成后，进行机床的维护与保养。

全国职业院校技能大赛

数控车床装调与维修技术项目

任务书

注意事项：

1. 本赛题总分为 100 分，比赛时间为 4h。
2. 请首先按要求在答题纸密封处填写参赛证号码、场次、工位号等信息。
3. 请仔细阅读题目要求，完成比赛任务。
4. 不要在试卷上乱写乱画，不要在标封区填写无关内容。
5. 选手如果对试卷内容有疑问，应当先举手示意，等待裁判人员前来处理。
6. 比赛需要的所有资料都以电子版的形式保存在所在工位计算机的桌面上。
7. 选手在竞赛过程中应该遵守相关的规章制度和安全守则，如有违反，则按照相关规定在竞赛的总成绩中扣除相应分值。
8. 比赛过程中需裁判确认的部分，参赛选手须举手示意。
9. 选手在排除故障的过程中，如因为选手的原因造成设备出现新的故障，酌情扣分。但如果在竞赛的时间内将故障排除，则不予扣分。
10. 在裁判员确定机械、电气安全后方可进行精度检测，否则视违规操作，裁判员有权取消其考试资格。
11. 竞赛完成后所有文档按页码顺序一并上交，签名只能填写场次和工位。
12. 除表 A-1 中有说明外，不限制各任务的先后顺序。

表 A-1　任务表

序　号	名　　称	说　　明
	职业素养和安全意识	涵盖全过程
任务一	电气线路装配与连接	
任务二	十字滑台装配	
任务三	故障排除和功能调试	
任务四	机床精度检测	
任务五	零件编程与加工	任务四完成后完成
任务六	数据备份	任务五完成或放弃后完成
任务七	机床电气柜电气调试	任务三完成或放弃后完成
任务八	数控车床维护与保养	任务七完成或放弃后完成

13. 选手严禁携带任何通信、存储设备，如有发现将取消其考试资格。
14. 比赛过程中遇到部分内容不能通过自行判断完成，导致比赛无法进行，60min 后可以向裁判员申请求助本参赛队指导教师指导 2 次，经裁判长批准后，参赛队在赛场指定地点接受 2 次指导教师指导，每次指导时间不超过 5min，求助指导所花费的时间计入比赛总时间之内。

说明： 竞赛试题中与本书内容相关的任务主要涉及任务二和任务四，以下为任务二和任务四的具体内容。

任务二 十字滑台装配

一、任务提示

1）根据十字滑台装配结构图，利用合适的工具和量具，采用正确的机械装配工艺，组装十字滑台单元，并测量、调整垂直度和平行度。

2）每个单项完成安装后，先自检达到要求后，填写表 A-2。

二、具体要求

1）十字滑台装置水平调整精度在 0.02mm/1000mm 以下。

2）直线导轨平行度调整在 0.08mm/280mm 以下。

3）垂直度调整在 0.05mm/280mm 以下。

4）X 轴滚珠丝杠与直线导轨上素线、侧素线的平行度调整在 0.05mm/300mm 以下。

表 A-2 装配项目记录一览表

项 目	工、量具	操作过程确认
十字滑台组装准备		□完成　　□放弃
十字滑台装置水平调整		□完成　　□放弃 精度：＿＿＿＿＿＿
X 轴直线导轨安装		导轨安装 □完成　　□放弃 基准导轨水平安装精度 □完成　　□放弃 精度：＿＿＿＿＿＿ 基准导轨侧向安装精度 □完成　　□放弃 精度：＿＿＿＿＿＿ 支承导轨水平安装精度 □完成　　□放弃 精度：＿＿＿＿＿＿ 支承导轨侧向安装精度 □完成　　□放弃 精度：＿＿＿＿＿＿
X 轴滚珠丝杠与直线导轨上素线、侧素线的精度调整		电动机座、轴承座安装 □完成　　□放弃 电动机座、轴承座水平安装精度 □完成　　□放弃 精度：＿＿＿＿＿＿ 电动机座、轴承座侧向安装精度 □完成　　□放弃 精度：＿＿＿＿＿＿ X 轴装配完工检查、维护 □完成　　□放弃
十字滑台 X、Z 轴垂直度调整		□完成　　□放弃 精度：＿＿＿＿＿＿

任务四　机床精度检测

一、任务提示

1）选手根据对 GB/T 25659.1—2010《简式数控卧式车床　第 1 部分：精度检验》中有关条文方法进行检验标准的理解，对表 A-3 中数控车床几何精度进行检测并将结果填写到表 A-3 中。

2）每个单项完成安装后，请先自检达到要求后，填写表 A-3。

二、具体要求

根据精度检验单对各项精度进行检测与调整，并将调整后的最佳精度填写在表 A-3 中。

表 A-3　数控车床几何精度检测

序号	检测项目	误差范围	结果	裁判确认
1	床身导轨精度：a)纵向；b)横向	a)≤0.010mm b)≤0.04mm		
2	尾座套筒轴线对溜板移动的平行度：a)在 YZ 平面内；b)在 ZX 平面内	每 300mm 测量长度上 a)≤0.015mm b)≤0.010mm		
3	主轴定心轴颈的径向跳动	≤0.010mm		

 任务实施

一、十字滑台装配

1. 任务分析

十字滑台整体为高刚性的铸铁结构，采用树脂砂造型并经过时效处理，以确保长期使用的精度，其导轨采用直线导轨，直线导轨安装采用与真实机床安装相同的压块结构进行固定；轴承采用成对的角接触轴承；结构上采用模块化，下装有滑轮，可以自由移动（图 A-1）。该任务主要考核学生机械传动部件中的丝杠、直线导轨、丝杠支架的拆装及导轨平行度、直线度、双轴垂直度等精密检测技术的技能。

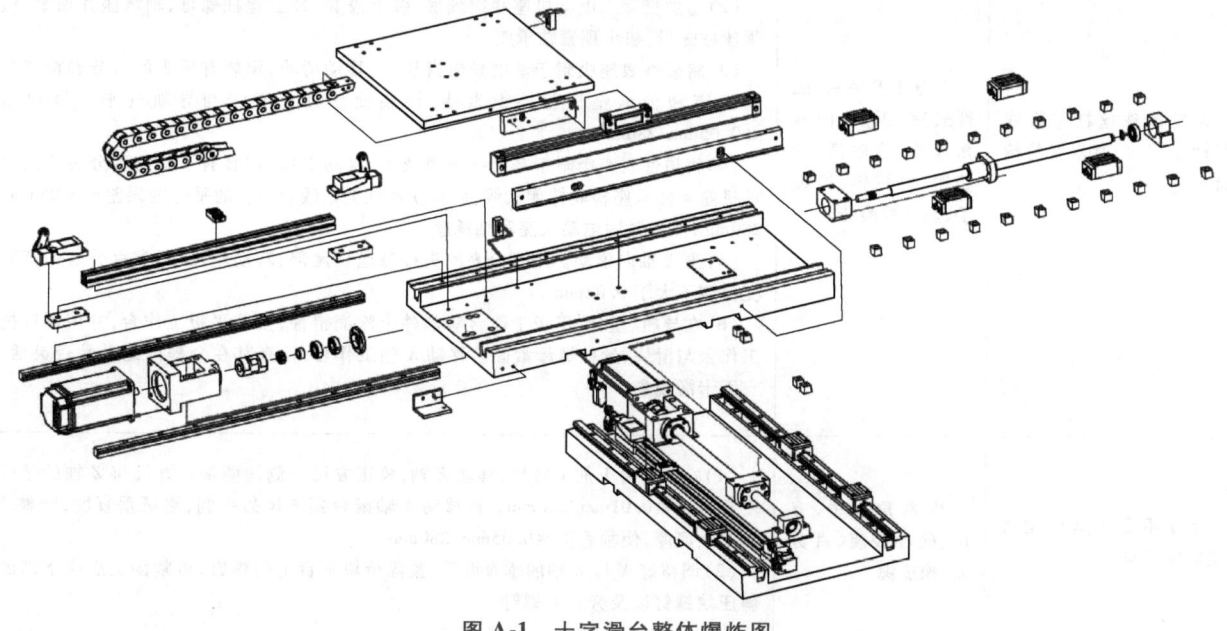

图 A-1　十字滑台整体爆炸图

2. 装配过程

装配过程见表 A-4。

表 A-4 十字滑台装配过程

项 目	工、量具	操作注意事项
十字滑台组装准备	油石、汽油、木柄刷	(1) 使用油石打磨导轨安装面，去除导轨安装面毛刺 (2) 使用汽油清洗丝杠、轴承等部件以及导轨安装面 (3) 清洗后零件水平放置时应放在软基面上，零件摆放应整齐，没有碰撞现象
十字滑台装置水平调整	条式水平仪、活扳手、平尺、地脚支承	(1) 工作台面、条式水平仪用棉布擦拭干净，将 X 轴平台放在 Z 轴滑动块上，将条式水平仪垂直放置于工作台中间 (2) 正确使用条式水平仪，使用前检查条式水平仪零位误差 (3) 使用活扳手调整工作台支承和地脚螺钉，调整工作台 X、Z 轴两个方向的安装水平
X 轴直线导轨安装	平尺、内六角扳手、杠杆百分表、磁性表座、铜皮	(1) 安装 X 轴导轨基面，连接 Z 轴滑块与丝杠螺母并初步预紧。将 X 轴两根导轨、斜压块装在导轨安装基面上，用螺钉顺着一个方向或者从中间向两端依次进行预紧 (2) 取一根导轨的两个滑块，用以支承平尺 (3) 将磁性表座吸附在滑块上，测量导轨等高直线度，使杠杆百分表测头触及平尺的上平面，依次调整直线导轨压紧螺钉，以使等高直线度 ≤0.08mm/280mm (4) 用平尺测量导轨侧素线直线度。将平尺一侧两端对零，移动滑块进行测量，依次调整直线导轨压块螺钉，以使直线度 ≤0.08mm/280mm (5) 按相同的方法安装另一根导轨，然后以第一条导轨为基准，将磁性表座吸附在滑块上，使杠杆百分表测头触及另一根导轨滑块的水平基准面，移动滑块，测量导轨直线度，依次调整直线导轨压紧螺钉，以使其直线度 ≤0.08mm/280mm (6) 将磁性表座吸附在滑块上，使杠杆测头触及另一根导轨滑块的侧基准面，移动滑块，测量第一根导轨侧面的平行度，依次调整直线导轨压块螺钉，使平行度 ≤0.08mm/280mm
X 轴滚珠丝杠与直线导轨上素线、侧素线的精度调整	百分表及平头、磁性表座、铜皮、内六角扳手、橡皮锤、卡簧钳、纯铜棒、钩扳手、丝杠检验棒	(1) 安装电动机座，安装角接触轴承。给角接触轴承涂上润滑脂，把角接触轴承装入轴座，注意电动机座轴承的安装方向，薄边外圈朝外，拧上压板螺钉，并初步预紧电动机座 (2) 将丝杠穿入电动机座并推到底，装上隔套，装上丝杠螺母、轴承座并预紧，锁紧丝杠螺母，初步预紧轴承座 (3) 将磁性表座吸附于基准导轨滑块上，移动滑块，用装有平头的百分表检测电动机座和轴承座检验棒上素线，调整使丝杠上素线与导轨的平行度误差 ≤0.05mm/280mm (4) 将磁性表座吸附于基准导轨滑块上，移动滑块，用装有平头的百分表检测电动机座和轴承座检验棒侧素线，调整使丝杠上素线与导轨的平行度误差 ≤0.05mm/280mm，然后紧固电动机座和轴承座 (5) 测 X 轴向窜动。用百分表测头接触丝杠尾部，转动丝杠，观察百分表的读数变化应不大于 0.02mm (6) 在导轨、丝杠、平板工作台等部件上涂润滑油，安装平板工作台，并用螺钉把工作台与滑块、丝杠螺母紧固。移动 X 轴工作台，检查其在全程内运动是否灵活，有无卡滞现象
十字滑台 X、Z 轴垂直度精度调整	内六角扳手、方尺、磁性表座、百分表、橡皮锤	(1) 在工作台上放上方尺，移动 Z 轴，校正方尺一侧的两端。方尺与 Z 轴的平行度要求为 ≤0.01mm/280mm。再移动 X 轴滑台到方尺另一侧，测量垂直度，调整 X 轴的上底座，使垂直度 ≤0.05mm/280mm (2) 调整好 X 与 Z 轴的垂直度后，紧固滑块平台上的螺钉，再紧固上底座下部的斜压块螺钉以及旁边的螺钉

二、数控机床几何精度的检测

1. 任务分析

数控机床几何精度的检测是在生产型斜床身数控车床上进行的,如图 A-2 所示。该机床采用斜床身结构,机床床身采用铸造成形,要具备较大的承载截面,因此有良好的刚性和吸振性,可保证高精度切削加工。

图 A-2 生产型斜床身数控车床

2. 数控机床精度检测

本任务参照 GB/T 25659.1—2010《简式数控卧式车床 第 1 部分:精度检验》中规定的方法进行数控机床精度检测,见表 A-5。

表 A-5 机床精度检测过程

序号	检测项目	误差范围	检测方法
1	床身导轨精度:a)纵向;b)横向	a)≤0.010mm b)≤0.04mm	(1)检测工具为水平仪,正确进行水平仪零位校验 (2)将水平仪沿 Z 轴方向放在溜板上,按直线度的角度测量法,沿导轨全长等距离各位置进行检测,应不少于 3 点 (3)记录水平仪读数,并用作图法计算出床身导轨在垂直平面内的直线度误差
2	尾座套筒轴线对溜板移动的平行度:a)在 YZ 平面内;b)在 ZX 平面内	a)≤0.015mm b)≤0.010mm	(1)尾座套筒缩进后,按正常工作状态锁紧 (2)将指示器固定在刀架上,使其测头触及尾座套筒上素线或侧素线,记录读数值 (3)尾座套筒伸出有效长度后,按正常工作状态锁紧 (4)移动刀架溜板,使指示器触及上一测量位置,两次测量的差值即为尾座套筒轴线对溜板移动的平行度
3	主轴定心轴颈的径向跳动	≤0.005mm	将指示器安装在机床固定部件上,使测头垂直于主轴定心轴颈锥面并接触,旋转主轴,指示器读数的最大差值即为主轴定心轴颈的径向跳动

附录 B 数控卧式车床精度检验

以下数控卧式车床精度检验项目采自 GB/T 25659.1—2010,该标准规定了简式数控卧式车床几何精度、位置精度和工作精度的要求及检验方法,见表 B-1。

1. 范围

本标准适用于床身上最大回转直径为 250～1250mm,最大工件长度至 8000mm 的简式数控卧式车床。

2. 定义

ZX 平面：通过刀尖与主轴轴线所确定的平面，该平面对工件直径尺寸产生主要影响。

YZ 平面：通过主轴轴线且与 *ZX* 平面垂直的平面，该平面对工件直径尺寸产生次要影响。

表 B-1 常用几何精度检验项目

序号	检验项目	图示	公差/mm	使用工具	检验方法
1	导轨精度：a) 纵向；b) 横向	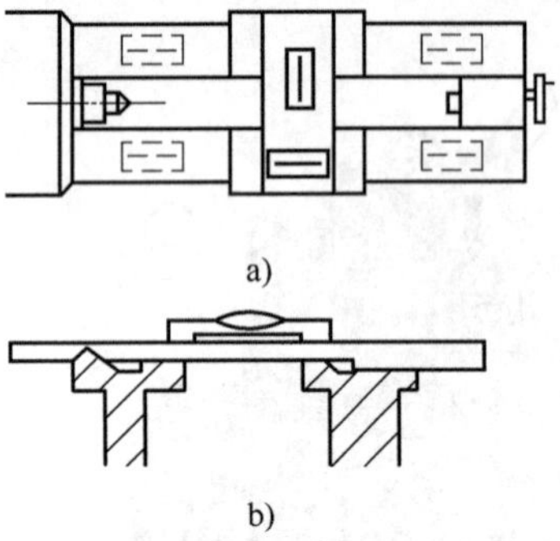	a) 0.010(凸) b) 0.040	水平仪	(1) 将水平仪放置于溜板上 (2) 从导轨前段开始等距离移动溜板 (3) 计算直线度
2	尾座套筒轴线对溜板移动的平行度：a) 在 *YZ* 平面内；b) 在 *ZX* 平面内	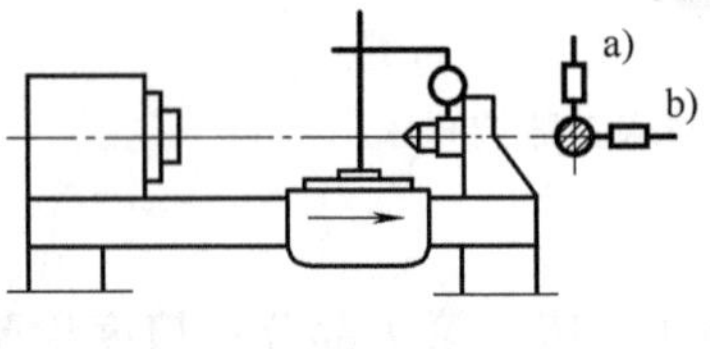	a) 0.015 b) 0.010	指示器	(1) 尾座套筒缩进后，按正常工作状态锁紧 (2) 将指示器固定在刀架上，使其测头触及尾座套筒上素线或侧素线，记录读数值 (3) 尾座套筒伸出有效长度后，按正常工作状态锁紧 (4) 移动刀架溜板，使指示器触及上次测量位置，两次测量差值即为尾座套筒轴线对溜板移动的平行度
3	主轴和尾座两顶尖的等高度	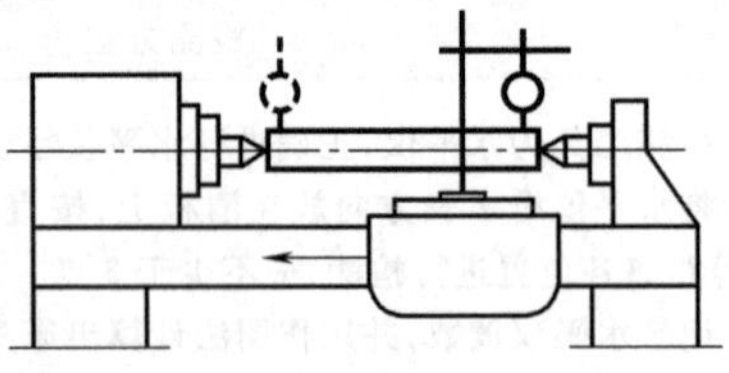	0.040	指示器、检验棒	(1) 在刀架上固定表座，使指示器测头垂直触及检验棒 (2) 移动溜板，在全行程上检验，记录读数最大值 (3) 将检验棒旋转 180°，测量第 2 次，取平均值
4	溜板移动在 *ZX* 平面内的直线度	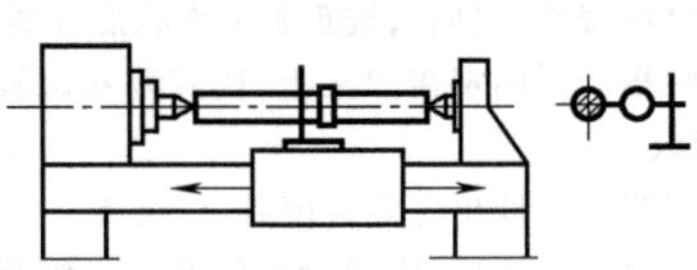	0.015	指示器、检验棒	(1) 在刀架上固定磁性表座，使指示器测头垂直触及检验棒 (2) 移动溜板，在全行程上检验，记录读数最大差值 (3) 调整尾座螺钉，使平行度误差在容许范围内 (4) 将检验棒旋转 180°，测量第 2 次，取平均值
5	主轴定心轴颈的径向跳动	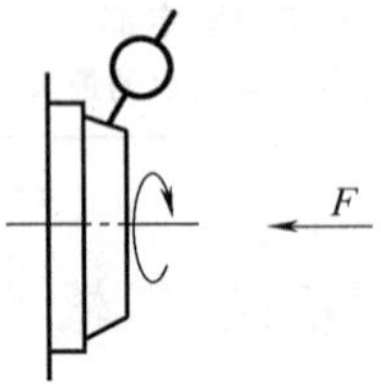	0.010	指示器	(1) 固定表座于主轴，使指示器测头垂直触及被检测表面 (2) 旋转主轴 2 圈以上，测得误差值
6	主轴端部的跳动：a) 主轴的轴向窜动；b) 主轴轴肩支承面的跳动	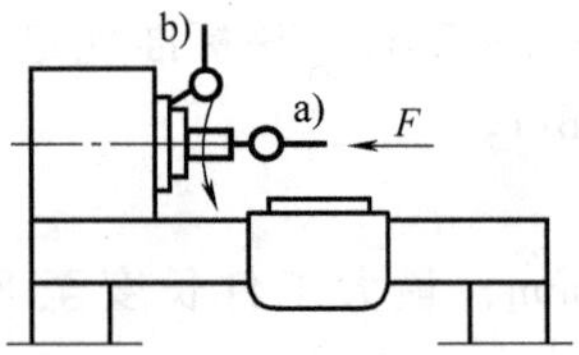	a) 0.010； b) 0.020	指示器、专用检具	(1) 使指示器测头触及主轴锥孔检验棒端部的钢球上 (2) 沿主轴轴线施加一力 *F*，旋转主轴进行检测，指示器安装在固定部件上，取读数最大差值

（续）

序号	检验项目	图示	公差/mm	使用工具	检验方法
7	主轴锥孔轴线的径向跳动：a) 靠近主轴端部；b) 距主轴端面 L 处	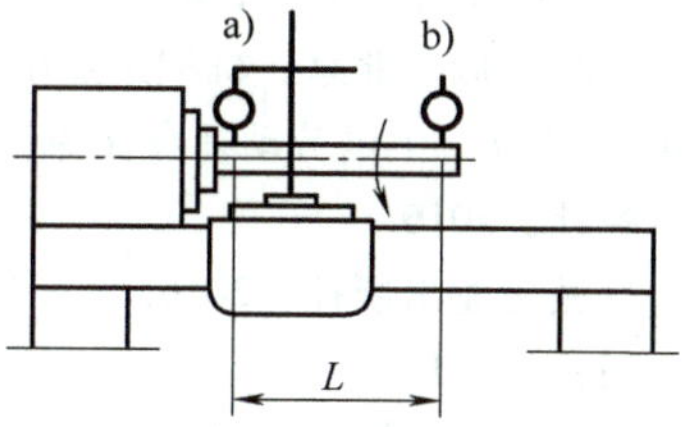	a) 0.010 b) 0.020	指示器、检验棒	(1) 将检验棒插入主轴锥孔，固定表座，使指示器测头触及检验棒表面 (2) 旋转主轴 2 圈以上，进行检测 (3) 拔出检验棒，旋转 90°，重新插入主轴锥孔进行检测，依次重复 3 次检验 (4) 取 4 次测量结果的平均值
8	主轴轴线对溜板移动的平行度：a) 在 YZ 平面内；b) 在 ZX 平面内	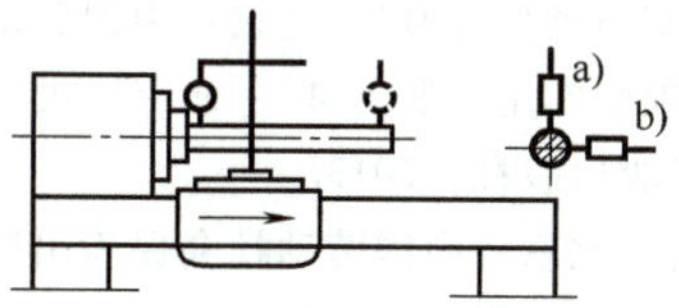	a) 0.020 b) 0.015	检验棒、指示器	(1) 将检验棒插入主轴锥孔，固定表座，使指示器测头触及检验棒表面 (2) 移动溜板进行检验 (3) 将主轴旋转 180°再检验一次 (4) 取 2 次检验的平均值
9	顶尖的跳动	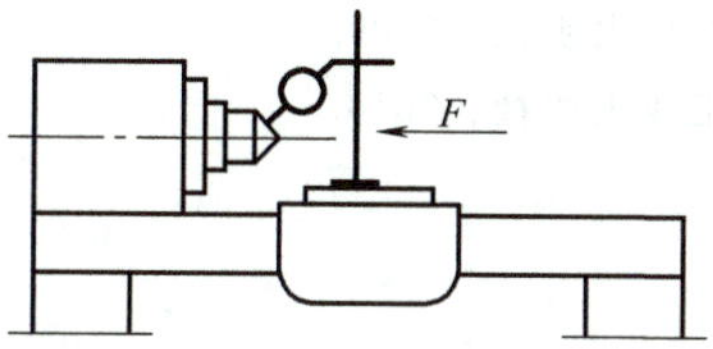	0.015	指示器、专用顶尖	(1) 将顶尖插入主轴锥孔内 (2) 固定表座，使指示器测头垂直触及顶尖锥面，沿主轴轴线施加一力 F，旋转主轴进行检测
10	横刀架横向移动对主轴轴线的垂直度	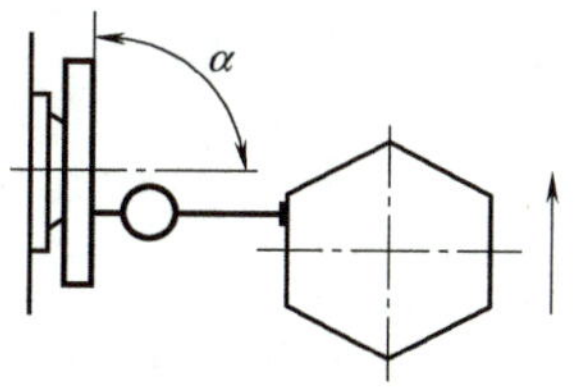	0.020/300 α>90°	指示器和平盘或平尺	(1) 将平盘固定在主轴上，使指示器测头触及平盘 (2) 转动主轴，找到误差最大和最小之间位置 (3) 移动 X 轴进行测量，读取最大误差 (4) 将主轴旋转 180°再次检验，取两次平均值
11	尾座套筒轴线对溜板移动的平行度：a) 在 YZ 平面内；b) 在 ZX 平面内	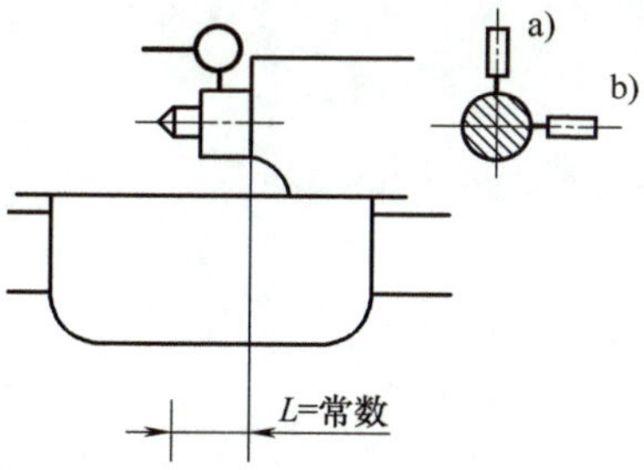	a) 0.015 b) 0.010	指示器	(1) 尾座尽可能靠近刀架溜板，使其一起移动，得出读数 (2) 使指示器测头触及套筒同一点，将尾座锁紧 (3) 沿行程进行测量，取读数最大差值

参 考 文 献

[1] 牛志斌. 图解数控机床维修：从菜鸟到高手 [M]. 北京：机械工业出版社，2015.
[2] 刘永久. 数控机床故障诊断与维修技术：FANUC 系统 [M]. 2版. 北京：机械工业出版社，2011.
[3] 刘双江. 数控机床机械装调维修工：技师 高级技师 [M]. 北京：中国劳动社会保障出版社，2012.
[4] 何四平. 数控机床装调与维修 [M]. 北京：机械工业出版社，2016.
[5] 邵泽强. 数控机床装调维修技术综合实训 [M]. 北京：机械工业出版社，2016.
[6] 韩鸿鸾. 数控车床结构与维修 [M]. 北京：化学工业出版社，2016.
[7] 韩鸿鸾，王吉明. 数控机床装调与维修 [M]. 北京：中国电力出版社，2015.
[8] 王桂莲. 数控机床装调维修技术与实训 [M]. 北京：机械工业出版社，2015.
[9] 郑小年，杨克冲. 数控机床故障诊断与维修 [M]. 武汉：华中科技大学出版社，2015.
[10] 人力资源和社会保障部教材办公室. 数控机床机械装调与维修 [M]. 北京：中国劳动社会保障出版社，2012.
[11] 李金伴，汪光远，陆一心，等. 数控机床故障诊断与维修实用手册 [M]. 北京：机械工业出版社，2013.
[12] 徐杨. 数控机床原理与维修实训 [M]. 北京：电子工业出版社，2013.
[13] 胡旭兰. 数控机床机械系统及其故障诊断与维修 [M]. 北京：中国劳动社会保障出版社，2008.
[14] 韩鸿鸾. 数控加工工艺学 [M]. 北京：中国劳动社会保障出版社，2005.
[15] 李业农. 数控机床及编程加工技术 [M]. 北京：高等教育出版社，2009.
[16] 蒋洪平. 机床数控技术基本常识 [M]. 北京：高等教育出版社，2009.
[17] 李玉兰. 数控机床几何精度检测 [M]. 北京：机械工业出版社，2014.